当代遥感技术下的
水文与水资源

陈文烯　郭海霞　李　瑞　著

U0305280

中国建材工业出版社

北　京

图书在版编目（CIP）数据

当代遥感技术下的水文与水资源/陈文烯，郭海霞，
李瑞著. --北京：中国建材工业出版社，2024.6.
ISBN 978-7-5160-4192-5

Ⅰ. P33；TV211

中国国家版本馆 CIP 数据核字第 2024PG9752 号

当代遥感技术下的水文与水资源

Dangdai Yaogan Jishu xia de Shuiwen yu Shuiziyuan

陈文烯　郭海霞　李　瑞　　著

出版发行：中国建材工业出版社
地　　　址：北京市海淀区三里河路1号
邮　　编：100044
经　　销：全国各地新华书店
印　　刷：北京传奇佳彩数码印刷有限公司
开　　本：787mm×1092mm　1/16
印　　张：12
字　　数：159千字
版　　次：2025年1月第1版
印　　次：2025年1月第1次
定　　价：65.00元

前　言

　　"遥感"这个名词，就字面上来讲，可以解释为"远远地去感觉（感知）某一定对象（事物、现象、运动）"。所以遥感技术，也就是如何去实现这种"远远地去感觉（感知）某一定对象（事物、现象、运动）"的技术。

　　水文学是研究地球上各种水体的存在、分布、运动及其变化规律的学科，主要探讨水体的物理、化学特性和水体对生态环境的作用。水体指以一定形态存在于自然界中的水的总称，如大气中的水汽，地面上的河流、湖泊、沼泽、海洋、冰川，以及地面下的地下水。简单来说，遥感技术就是，用装在平台上的传感器来收集（测定）由对象辐射或（和）反射来的电磁波，再通过对这些数据的分析和处理，获得对象信息的技术。

　　水资源学是在认识水资源的特性、研究和解决日益突出的水资源问题的基础上，逐步形成的一门研究水资源形成、转化、运动规律及水资源合理开发利用基础理论并指导水资源业务（如水资源开发、利用、保护、规划、管理）的学科。水资源自身所具备的两个基本属性是其价值来源的核心，即水资源的有用性和稀缺性。水资源的有用性属于水资源的自然属性，是对于人类生产和生活环境来讲，水资源所具有的生产功能、生活功能、环境功能以及景观功能等。水资源的稀缺性可理解为水资源的经济属性，它是当水资源不再是取之不尽的资源后，由于水资源的稀缺性而被迫使人类从更经济的角度来考虑水资源的开发利用。其稀缺程度越大，价值越大。

水是生命之源、生产之要、生态之基。水环境污染、水生态退化、水旱灾害已经严重威胁到全球经济发展、人群健康、人类生存环境和国家安全。遥感技术是能够快速获得大范围地面数据的有效手段。其覆盖面大,同步效果好,信息丰富,有利于观察和研究各种地面现象的连续空间分布。本书根据遥感研究对象的多样性及环境背景的复杂性,采用理论与实例相结合的方法,对水文与水资源遥感监测与评价的理论与方法进行了较为全面、系统的论述。本书可作为高等学校水文专业、水资源规划及利用专业的选修课教材,也可供其他水利专业本科生、研究生及有关工程技术人员参考。

目 录

第一章　水文水资源概述 ………………………………………… 1

　第一节　水文水资源内涵 ……………………………………… 1

　第二节　水资源的特征 ………………………………………… 3

　第三节　水问题现状及其影响 ………………………………… 6

第二章　大气水分与陆地水体参数遥感 ………………………… 11

　第一节　大气水分遥感 ………………………………………… 11

　第二节　陆地水体参数遥感 …………………………………… 25

第三章　土壤水分、冰雪与降水遥感 …………………………… 42

　第一节　土壤水分遥感 ………………………………………… 42

　第二节　冰雪遥感 ……………………………………………… 60

　第三节　降水遥感 ……………………………………………… 76

第四章　地表蒸散与海洋水文遥感 ……………………………… 90

　第一节　地表蒸散遥感 ………………………………………… 90

　第二节　海洋水文遥感 ………………………………………… 105

第五章　基于遥感技术的水利应用实践 ………………………… 122

　第一节　水资源的合理开发利用 ……………………………… 122

　第二节　水文水资源管理 ……………………………………… 131

　第三节　水土保持 ……………………………………………… 139

　第四节　水旱灾害的防治与监测预警 ………………………… 144

第六章　水文水资源管理技术与体系构建 ·················· 149

第一节　水文水资源管理的目标、原则与内容分析 ·········· 149

第二节　水资源管理的技术创新发展 ···················· 155

第三节　水资源管理的体系构建 ······················ 160

第四节　水文水资源管理的可持续发展 ·················· 177

参考文献 ···································· 181

第一章　水文水资源概述

第一节　水文水资源内涵

水资源既是经济资源,也是环境资源。由于对水体作为自然资源这一基本属性的认识程度和角度的差异,人们对水资源的含义有着不同的见解,有关水资源的确切含义仍未有统一定论。

由于水资源的"自然属性",人类对水资源的认识首先是对其"自然资源"含义的了解。自然资源是"参与人类生态系统能量流、物质流和信息流,从而保证系统的代谢功能得以实现,促进系统稳定有序不断进化升级的各种物质",自然资源并非泛指所有物质,而是特指那些有益于、有助于人类生态系统保持稳定与发展的某些自然界物质,并对于人类具有可利用性。作为重要自然资源的水资源毫无疑问应具有"对于人类具有可利用性"这一特定的含义。

随着时代的进步,水资源的内涵也在不断地丰富和发展。较早采用这一概念的是美国地质调查局(USCS)。1894 年,该局设立了水资源处,其主要业务范围是对地表河川径流和地下水进行观测。此后,随着水资源研究范畴的不断拓展,要求对其基本内涵给予具体的定义与界定。

《大不列颠大百科全书》将水资源解释为:"全部自然界任何形态的水,包括气态水、液态水和固态水的总量",这一解释为水资源赋予了十分广泛的含义。实际上,资源的本质特性就体现在其"可利用性"。毫无疑问,不能被人类所利用的不能称为资源。基于此,1963 年英国的《水资源法》把水资源定义为:"(地球上)具有足够数量的可用水"。在水环境污染并不突出的特定条件下,这一概念比《大不列颠大百科全书》的定义更为明确,强调了其在量上的可利用性。

联合国教科文组织(UNESCO)和世界气象组织(WMO)共同制定的《水资源评价活动-国家评价手册》中,定义水资源为:"可以利用或有可能被利用的水源,具有足够数量和可用的质量,并能在某一地点为满足某种用途而可被利用。"这一定义的核心主要包括两个方面,其一是应有足够的数量,其二是强调了水资源的质量。有"量"无"质",或有"质"无"量"均不能称为水资源。这一定义比英国《水资源法》中对水资源的定义更为明确,不仅考虑了水的数量,同时要求其必须具备质量的可利用性。

1988年8月1日颁布实施的《中华人民共和国水法》将水资源认定为:"地表水和地下水。"《环境科学词典》(1994)定义水资源为:"特定时空下可利用的水,是可再利用资源,不论其质与量,水的可利用性是有限制条件的。"

《中国大百科全书》在不同的卷册中对水资源也给予了不同的解释。如在大气科学、海洋科学、水文科学卷宗,水资源被定义为:"地球表层可供人类利用的水,包括水量(水质)、水域和水能资源,一般指每年可更新的水量资源";在水利卷宗,水资源被定义为:"自然界各种形态(气态、固态或液态)的天然水,并将可供人类利用的水资源作为供评价的水资源。"

引起对水资源的概念及其含义具有不尽一致的认识与理解的主要原因在于,水资源是一个既简单又非常复杂的概念。它的复杂内涵表现在:水的类型繁多,具有流动性,各种类型的水体具有相互转化的特性;水的用途广泛,不同的用途对水量和水质具有不同的要求;水资源所包含的"量"和"质"在一定条件下是可以改变的;更为重要的是,水资源的开发利用还受到经济技术条件、社会条件和环境条件的制约。正因为如此,人们从不同的侧面认识水资源,造成对水资源一词理解的不一致性及认识的差异性。

综上所述,水资源可以理解为人类长期生存、生活和生产活动中所需要的各种水,既包括数量和质量含义,又包括其使用价值和经济价值。一般认为,水资源概念具有广义和狭义之分。

狭义上的水资源是指人类在一定的经济技术条件下能够直接使用的淡水。

广义上的水资源是指在一定的经济技术条件下能够直接或间接使用的各种水和水中物质,在社会生活和生产中具有使用价值和经济价值的水都可称为水资源。

广义上的水资源强调了水资源的经济、社会和技术属性,突出了社会、经济、技术发展水平对于水资源开发利用的制约与促进。经济技术的发展,进一步扩大了水资源的范畴,原本造成环境污染的量大面广的工业和生活污水也成为水资源的重要组成部分,弥补水资源的短缺,从根本上解决长期困扰国民经济发展的水资源短缺问题;在突出水资源实用价值的同时,强调水资源的经济价值,利用市场理论与经济杠杆调配水资源的开发与利用,实现经济、社会与环境效益的统一。

鉴于水资源的固有属性,本书所论述的"水资源"主要限于狭义水资源的范围,即与人类生活和生产活动、社会进步息息相关的淡水资源。

第二节 水资源的特征

水资源是一种特殊的自然资源,它不仅是人类及其他生物赖以生存的自然资源,也是人类经济、社会发展必需的生产资料,它是具有自然属性和社会属性的综合体。

一、水资源的自然属性

(一)流动性

自然界中所有的水都是流动的,地表水、地下水、大气水之间可以互相转化,这种转化是永无止境的,没有开始也没有结束。特别是地表水资源,在常温下是一种流体,可以在地心引力的作用下,从高处向低处流动,由此形成河川径流,最终流入海洋(或内陆湖泊)。也正是由于水资源这一不断循环、不断流动的特性,才使水资源可以再生和恢复,为水资源的可持续利用奠定物质基础。

(二)可再生性

由于自然界中的水处于不断流动、不断循环的过程之中,使水资源得以不断地更新,这就是水资源的可再生性,也称可更新性。具体来讲,水资源的可再生性是指水资源在水量上损失(如蒸发、流失、取用等)后和(或)水体被污染后,通过大气降水和水体自净(或其他途径)可以得到恢复和更新的一种自我调节能力。这是水资源可供永续开发利用的本质特性。[①] 不同水体更新一次所需要的时间不同,如大气水平均每 8d 可更新一次,河水平均每 16d 更新一次,海洋更新周期较长,大约是 2500 年,而极地冰川的更新速度则更为缓慢,更替周期可长达万年。

(三)有限性

水资源处在不断地消耗和补充过程中,具有恢复性强的特征。但实际上全球淡水资源的储量是十分有限的。全球的淡水资源仅占全球总水量的 2.5%,大部分储存在极地冰帽和冰川中,真正能够被人类直接利用的淡水资源仅占全球总水量的 0.8%。可见,水循环过程是无限的,水资源的储量是有限的。

(四)时空分布的不均匀性

受气候和地理条件的影响,不同地区水资源的数量差别很大,即使在同一地区也存在年内和年际变化较大、时空分布不均匀的现象,这一特性给水资源的开发利用带来了困难。如北非和中东很多国家(埃及、沙特阿拉伯等)降雨量少、蒸发量大,因此径流量很小,人均及单位面积土地的淡水占有量都极少。相反,冰岛、厄瓜多尔、印度尼西亚等国,以每公顷土地计的径流量比贫水国高出 1000 倍以上。在我国,水资源时空分布不均匀这一特性也特别明显。由于受地形及季风气候的影响,我国水资源分布南多北少,且降水大多集中在夏秋季节的三四个月里,水资源时空分布很不均匀。

---

① 刘陶.经济学区域水资源管理中的实践[M].武汉:湖北人民出版社,2014.

（五）多态性

自然界的水资源呈现多个相态,包括液态水、气态水和固态水。不同形态的水可以相互转化,形成水循环的过程,也使得水出现了多种存在形式,在自然界中无处不在,最终在地表形成了一个大体连续的圈层——水圈。

（六）环境资源属性

自然界中的水并不是化学上的纯水,而是含有很多溶解性物质和非溶解性物质的一个极其复杂的综合体,这一综合体实质上就是一个完整的生态系统,使得水不仅可以满足生物生存及人类经济社会发展的需要,同时也为很多生物提供了赖以生存的环境,是一种环境资源。

二、水资源的社会属性

（一）公共性

水是自然界赋予人类的一种宝贵资源,它是属于整个社会、属于全人类的。社会的进步、经济的发展离不开水资源,同时人类的生存更离不开水。获得水的权利是人的一项基本权利。2002 年 10 月 1 日起施行的《中华人民共和国水法》第三条明确规定,"水资源属于国家所有,水资源的所有权由国务院代表国家行使";第二十八条规定,"任何单位和个人引水、截（蓄）水、排水,不得损害公共利益和他人的合法权益"。

（二）多用途性

水资源的水量、水能、水体均各有用途,在人们生产生活中发挥着不同的功能。人们对水的利用可分为三类,即:城市和农村居民生活用水;工业、农业、水力发电、航运等生产用水;娱乐、景观等生态环境用水。在各种不同的用途中,消耗性用水与非消耗性、低消耗性用水并存。不同的用水目的对水质的要求也不尽相同,使水资源具有一水多用的特点。

（三）商品性

水资源也是一种战略性经济资源,具有一定的经济属性。长久以来,人们一直认为水是自然界提供给人类的一种取之不尽、用之不竭的自然资源。但是随着人口的急剧膨胀，经济社会的不断发展，人们对水资源的需求日益增加，水对人类生存、经济发展的制约作用逐渐显露出来。人们需要为各种形式的用水支付一定的费用，水成了商品。水资源在一定情况下表现出了消费的竞争性和排他性（如生产用水），具有私人商品的特性。但是，当水资源作为水源地、生态用水时，仍具有公共商品的特点，所以它是一种混合商品。

(四)利害两重性

水是极其珍贵的资源，给人类带来很多利益。但是，人类在开发利用水资源的过程中，由于各种原因也会深受其害。比如，水过多会带来水灾、洪灾，水过少会出现旱灾；人类对水的污染又会破坏生态环境、危害人体健康、影响人类社会发展等。正是由于水资源的双重性质，在水资源的开发利用过程中尤其强调合理利用、有序开发，以达到兴利除害的目的。

第三节　水问题现状及其影响

一、当今世界所面临的三大水问题

当今世界所面临的水问题可概括为三个方面：干旱缺水(水少)、洪涝灾害(水多)和水环境恶化(水脏)。这三个方面不是完全独立的，它们之间存在着一定的联系，往往在一个问题出现时，也伴随其他问题产生。如我国西北地区石羊河流域，由于中上游地区对水资源的大量开发导致下游民勤盆地来水量锐减，这又引起当地对地下水资源的过度开采、重复利用，地下水的多次使用、转化引起水体矿化度增高、耕地盐碱化加重等水环境问题。下面对这三大水问题分别进行说明。

(1)干旱缺水，是当今和未来主要面临的水问题之一。一方面，由于自然因素的制约，如降水时空分布不均和自然条件差异等，导致某些地区降雨稀少、水资源紧缺，如南非、中东地区以及我国的西北干旱地区等；另一方面,随着人口增长和经济发展,对水资源的需求量也在不断增加,从而出现"水资源需大于供"的现象。

(2)洪涝灾害,是缺水问题的对立面。由于水资源的时空分布不均,往往在某一时期,世界上许多地区干旱缺水的同时,在另一些地区又出现因突发性降水过多而形成洪涝灾害的现象,这也是地球整体水量平衡的一个反映。此外,由于全球气候变化加上人类活动对水资源作用的加剧,导致世界上洪涝灾害发生的概率在宏观上是逐步加大的,洪水造成的危害也在加大。近年来,全球范围内的洪涝灾害时有报道。可以肯定,随着都市化的迅速发展,城市洪灾对经济社会发展带来的负面影响和潜在威胁将日益加重和扩大。

(3)水环境恶化,是人类对水资源作用结果最直接的体现,也是三大水问题中影响面最广、后果最严重的问题。随着经济社会的发展、都市化进程的加快,排放到环境中的污水、废水量日益增多。水环境恶化,一方面降低了水资源的质量,对人们身体健康带来不利影响;另一方面由于水资源被污染,原本可以被利用的水资源失去了使用价值,造成"水质型缺水",加剧了水资源短缺的矛盾。

要解决当今世界所面临的三大水问题,首先,要加强水资源科学问题的研究,为科学解决水问题提供理论依据;其次,需要全人类的广泛参与,加大水资源的投资,尽量避免水问题的发生;第三,要加大水资源规划与管理的力度,确保所制定的水资源规划全面、翔实、具有前瞻性,并考虑经济社会发展与生态环境保护相协调;确保水资源管理落到实处,使水资源得以合理开发、利用和保护,防止水害,充分发挥水资源的综合效益。

二、我国面临的水问题

我国地处中纬度,受气候条件、地理环境及人为因素的影响,曾经是一个洪涝灾害频繁、水资源短缺、生态环境脆弱的国家。在很多地区,水的问题仍然是限制区域经济和社会可持续发展的瓶颈。从全国范围看,我国面临的水问题主要有以下三方面。[①]

一是防洪标准低,洪涝灾害频繁,对经济发展和社会稳定威胁较大。近年来,国家加大了对防洪工程的投入,一些重要河流的防洪状况得到了很大改善,然而从全国范围来看,防洪建设始终是我国的一项长期而紧迫的任务。

二是干旱缺水日趋严重。干旱缺水严重制约了我国经济社会尤其是农业的稳定发展,影响到国民的生活质量和城市化发展。

三是水环境恶化。近些年,我国水体的水质状况总体上呈恶化趋势。土壤侵蚀,河流干枯断流,河湖萎缩,森林、草原退化,土地沙化,部分地区地下水超量开采等诸多问题都严重影响了水环境。

随着未来人口增加和经济发展,我国的水问题将更加突出。总体来看,造成我国水问题严峻形势的根源主要有以下两个方面。

一是自然因素,这与气候条件的变化和水资源的时空分布不均有关。在季风气候作用下,我国降水时空分布不平衡。在我国北方地区,年降水量偏少,我国东部地区偏涝型气候多于偏旱型,而近百年来洪涝减少,干旱增多。在黄河中上游地区,数百年来一直以偏旱为主。

二是人为因素,这与经济社会活动和人们不合理地开发、利用和管理水资源有关。目前我国正处于经济快速增长时期,工业化、城市化的迅速发展以及人口的增加和农业灌溉面积的扩大,使得水资源的需求量不可避免地迅猛增加。长期以来,由于不能统筹安排水资源的开发、利用、治理、配置、节约和保护,不仅造成了水资源的巨大浪费,破坏了生态环境,还加剧了水资源的供需矛盾,突出表现为:

(1)流域缺乏统一管理,上下游同步开发,造成用水紧张,同时下游由于来水减少而导致河道萎缩甚至干涸。

(2)过度开采地下水,造成地下水资源枯竭。地下水是我国北方地区的重要水源,然而由于经济发展导致对地下水开采的迅猛增加,从而引发

---

① 毛春梅.水资源管理与水价制度[M].南京:河海大学出版社,2012.

了一些负面影响,如海水入侵、地下水质恶化、城市地面沉降等。

(3)水资源浪费严重。目前,我国一些地区的农业灌溉仍采用漫灌、串灌等十分落后的灌溉方式。

(4)污废水大量排放,造成水资源污染严重。随着经济社会的迅速发展,工业和城市的污废水排放量增长很快,而相应的污水处理设备和措施往往跟不上,从而造成对水资源的严重污染,导致有水不能用,即出现"水质型缺水",如淮河流域、海河流域、长江三角洲和珠江三角洲的一些缺水地区就属于这种类型缺水。

(5)人类活动破坏了大量的森林植被,造成区域生态环境退化,水土流失严重,洪水泛滥成灾。一方面,造成了河道冲沙用水量增加;另一方面,又使一部分本可以成为资源的水,却以洪水的形式宣泄入海,极大地减少了可用水资源的数量。

三、水问题带来的影响

水资源短缺、洪涝灾害、水环境污染等水问题严重威胁了我国乃至世界范围内的经济社会发展,其造成的社会影响主要表现在以下几个方面。

(一)水资源紧缺会给国民经济带来重大损失

目前,我国水资源短缺现象越来越严重,尤其是北方地区,水资源的开采量已接近或超过了当地的水资源可利用量。水资源短缺又引起农业用水紧张,北方地区由于缺水而不得不缩小灌溉面积和有效灌溉次数,致使粮食减产,干旱缺水成为影响农业发展和粮食生产的主要制约因素之一。

(二)水资源问题将威胁到社会安全稳定

自古以来,水灾就是我国的众灾之首,"治国先治水"是祖先留下的古训。每次大的洪水过后,不仅造成上千亿元的经济损失,还给灾区人民的生产生活造成极大的破坏,使他们不得不再次体会重建家园的艰辛。同样,水环境质量变差也会危及人民的日常生活稳定。可以说,水问题的各个方面都与社会的安全稳定息息相关。

(三)水资源危机会导致生态环境恶化

水不仅是经济社会发展不可替代的重要资源,同时也是生态环境系统不可缺少的要素。随着经济的发展,人类社会对水资源的需求量越来越大,为了获取足够的水资源以支撑自身发展,人类过度开发水资源,从而挤占了维系生态环境系统正常运转的水资源量,结果导致了一系列生态环境问题的出现。例如,我国西北干旱地区水资源天然不足,为了满足经济社会发展的需要,当地盲目开发利用水资源,不仅造成水资源的减少,加重水资源危机,同时使得原本十分脆弱的生态环境进一步恶化,天然植被大量消亡、河湖萎缩、土地沙漠化等问题的相继出现,已经危及人类的生存与发展。目前,水资源短缺与生态环境恶化已经成为制约部分地区经济社会发展的两大限制性因素。

综上所述,我国水资源所面临的形势非常严峻。如此局面产生的原因,一部分是自然因素,与水资源时空分布的不均匀性有关;另一部分是人为因素,与人类不合理地开发、利用和管理水资源有关。如果在水资源开发利用上没有大的突破,在管理上没有新的转变,水资源将很难满足国民经济迅速发展的需要,水资源危机将成为所有资源问题中最为突出的问题,它将威胁到我国乃至世界的经济社会可持续发展。

第二章　大气水分与陆地水体参数遥感

第一节　大气水分遥感

大气水汽主要来自地表蒸散,包括海洋、湖泊、河流、湿润地表和植被等,此外还包括各种氧化反应、植物的呼吸作用、火山爆发和其他一些生物与地质过程等。大气水汽的垂直分层分布特性,对高垂直分辨率的大气水汽剖面观测提出了极高的要求。对流层中的大气水汽含量占水汽总量的99.13%,从气态水汽向液态水、固态冰的相变是构成云层、形成各种类型降水的直接原因。全球地表的年均降水约为1000mm,远远高于25mm的全球大气等效水汽厚度,大气水汽的滞留时间为9～10天,反映了大气水汽具有剧烈的时间变化特征,对高时间分辨率的大气水汽估算提出了挑战。

大气水汽是构成全球水循环的基本组成部分。水汽运动不仅促进了全球物质输移和能量交换,直接决定着短时天气过程的变化,影响全球气候的长期变化。就物质输移而言,大气水汽是成云致雨的直接来源,不断地补充和更新地表的淡水资源,充足的淡水资源是人类赖以生存繁衍和发展延续的必要条件。降水形成地表径流,驱动着全球物质输移,而径流导致的土壤侵蚀作用,不断地改变着地质地貌特征。就能量交换而言,在水汽形成过程中,水分吸收能量而降低周边的温度;在水汽凝结过程中,水分释放能量而导致温度升高。蒸发过程的潜热吸收和降雨过程的释放过程,是全球能量交换的重要组成部分。从天气尺度上来说,大气水汽的水平输移和垂直运动,是形成各种天气现象的根本原因。从全球尺度上来说,大气水汽是最重要的温室气体之一。对流层的大气水汽对于温室效应而言,具有显著的正向反馈作用,增强了全球增温趋势。

实时准确地获取大气水汽的局地、区域和全球时空分布,对于天气预报、灾害预警和气候变化趋势预测等具有重要的现实意义。大气水汽复杂多变的时空分布特性,使得大气水汽的准确测量一直以来极具挑战性。与其他水文气象要素类似,地面站点观测是获得大气水汽信息的基本手段,无线电探空仪是大气水汽观测的主要仪器,提供了大量的第一手全球观测资料。随着遥感技术与反演算法的发展,大气水汽的卫星遥感反演技术走向成熟,提供了局地、区域以及全球尺度上的大量水汽产品,成为短期天气预报和长期气候变化研究的重要资料。

本章将首先介绍有关大气水汽的物理基础,包括大气水汽的存在方式与分类、大气水汽的运动方式和原理、大气水汽的表达方式与度量指标以及大气水汽与电磁波的相互作用特性。其次,简述可见光—近红外波段、热红外波段、被动微波、主动微波及多传感器联合反演大气水汽的基本原理和主要方法。然后,介绍大气水汽的常规观测方法,概述遥感反演大气水汽的精度检验方法。最后,简要介绍目前存在的全球大气水汽数据产品,结合实际应用案例,阐述大气水汽数据产品的区域应用价值和大气水汽的全球分布特征。

大气水汽具有很强的时空变化特性,因此大气水汽的准确测量是极富挑战性的科学研究对象。鉴于大气水汽的重要性,早期的地球卫星即把大气水汽含量当作最基本的探测物理量之一。人们针对来源于不同传感器的遥感数据,已经研发了多种大气水汽估算或反演方法。在这些方法中,既有基于数理统计的经验方法,也有基于辐射传输的物理方法。由于各种方法都会存在一定的局限性,因此开展多平台(气象卫星+通信卫星)、多通道(可见光近红外+红外+微波)、多模式(主动+被动)的大气水汽联合反演,成为遥感反演大气水汽的新趋势。本节从可见光近红外、热红外、被动微波、主动微波和多传感器联合等 5 个方面,介绍遥感反演大气水汽的主要方法。

一、可见光—近红外遥感方法

可见光近红外波段属于太阳辐射的反射波段,是遥感观测最常用的电磁波段。太阳辐射在进入大气层到达地表的过程中,受到大气水汽的作用而衰减。在经由地表反射到达传感器的过程中,同样受到大气水汽的作用而衰减。大气水汽对于可见光近红外波段的衰减作用,可用透过率来表征。透过率与大气水汽含量之间存在着显著的相关关系。针对某一传感器,利用其遥感影像来获取大气水汽的透过率信息,可以估算大气的水汽含量。

传感器的观测值同时受到大气的吸收和散射及地表反射等因素的影响。如何从传感器观测值中准确地分离出大气水汽吸收透过率,是大气水汽反演算法需要解决的首要问题。根据所使用波段位置的不同,可分为多通道算法和差分吸收光谱法;根据所使用波段数目的不同,可分为双通道算法和三通道算法。

(一)多通道算法

Kaufman 和 Gao 建立了基于 MODIS 可见光近红外波段的双通道算法。该算法忽略地表反射率随波长的变化,假定在较短的波长范围内地表反射率保持不变,将水汽透过率,近似表达为水汽吸收波段与相邻非水汽吸收波段的大气层顶反射率的比值,通过建立水汽吸收透过率与大气水汽含量之间的统计关系,反演大气水汽含量。该方法使用的水汽透过率表示如下:

Gao. and. Kaufman 改进了双通道算法,提出了三通道算法。该算法采用 2 个非水汽吸收波段大气层顶反射率加权平均的方法,以减少地表反射率随波长变化的影响。

(二)差分吸收光谱法

Frouin 等采用具有相同中心波长、不同波段宽度的水汽吸收波段,根据其水汽吸收差异来反演大气水汽含量。采用具有相同中心波长的遥感数据,有效地避免了地表反射率差异对反演结果的影响。该方法的不足之处在于,只对高浓度的大气水汽有效,难以准确反映低浓度大气水汽含量。

总之,可见光近红外波段反演大气水汽含量的基本原理是:基于电磁波辐射传输理论,通过组合相邻或相近波段的反射率,设法降低或消除地表反射率差异及大气散射效应的影响,获得大气水汽的透过率,进而建立透过率与大气水汽含量之间的定量关系,来估算大气的水汽含量。由于可见光近红外波段的影像通常具有较高的空间分辨率,因此基于该类方法所反演的大气水汽产品通常具有较高的空间分辨率。同时也要注意,该类方法的估算精度依赖于对地表反射率差异与大气散射效应的有效处理。总体而言,双通道算法的不确定性约为 13%,三通道算法的不确定性为 5%~10%,而差分吸收光谱法的不确定性约为 15%。

二、热红外遥感方法

相比较可见光近红外波段,大气水汽对于热红外波段具有更强的吸收能力。大气水汽对于红外波段电磁波的吸收差异,构成了红外波段反演大气水汽的物理基础。

在已知地表亮温和大气平均亮温的前提下,可以求解整层大气的透过率。在热红外波段,大气水汽的吸收作用占主导作用,整层大气的透过率可近似为大气水汽的透过率。与可见光近红外遥感反演大气水汽的方法类似,通过建立大气水汽透过率与大气水汽含量之间的经验关系,可以获得整层大气的水汽含量。

热红外大气水汽遥感的关键问题在于,如何削减地表温度和大气温度对水汽反演的影响。为此人们提出了多种方法,可以分为经验、半经验和物理模型法等。其中,反演整层大气积分水汽含量的主要方法为劈窗方法,反演大气水汽剖面的算法主要有线性回归法、神经网络法和物理迭代法。

(一)经验模型

Dalu 提出了线性回归法,反演海洋上空的大气水汽含量。该方法利用相邻、具有不同水汽透过率的热红外波段反演大气水汽。该算法最早用于海洋上空的大气水汽反演,反演精度为 0.5g/cm^2。Eck 和 Holben 发现,陆表上空的大气水汽含量与 11μm 和 12μm 亮温差之间也存在着显著的线性关系。与海洋表面不同的是,地表的比辐射率差异较大。

Chaboureau 等利用神经网络法来反演大气水汽含量。神经网络法无需做任何关于数据分布的假设,且具有很强的非线性处理能力和良好的容错能力,既能提高大气水汽反演精度,又可以减少计算时间。这种方法反演大气水汽的能力,在很大程度上取决于训练样本的质量。

(二)半经验模型

由于不同地表覆被的比辐射率之间差异较大,线性回归算法难以适用于陆地上空的大气水汽反演。为克服该问题,基于简化的辐射传输方程,发展半经验的反演方法,是提高大气水汽反演精度的一个重要途径。

Chesters 等基于简化的辐射传输方程,假设地表发射率和大气温度在 11μm 和 12μm 波段保持不变,建立 11μm 和 12μm 波段的吸收透过率与亮温数据和大气温度之间的关系。

Kleespies 和 Mcmillin 提出了另一种方法,无需估计大气的平均温度。该方法利用在空间上毗邻,但具有不同地表温度的像元来估算大气水汽的透过率。在此基础上,Jedlovec 提出了具有更一般形式的方法。该方法利用遥感像元亮温之间的方差信息,估算大气水汽的吸收透过率。

综上所述,根据大气水汽的吸收透过率与大气水汽含量之间的线性关系,可以求解大气水汽含量。其中,Chesters 等方法需要估算大气平均温度,大气水汽含量的反演精度为 1g/cm^2。Kleespies 和 Mcmillin 方法的反演精度约为 0.4g/cm^2。Jedlovec 方法能够回避传感器的定标误差,大气水汽含量的反演精度为 0.48g/cm^2。

(三)物理模型

物理模型具有完备的物理基础,大气水汽的反演精度高于经验和半经验方法。但物理模型方法的计算量很大,不适用于大气水汽的快速反演。物理模型通常使用物理迭代法,在初始大气水汽数据的基础上,通过迭代计算,在代价函数的约束下,最终得到大气水汽含量。

初始的大气水汽含量可以通过线性回归法获得。线性回归采用的训练样本可以是探空气球观测的大气剖面,也可以是美国国家环境预报中心(NCEP)发布的大气水汽数据等。通过大气辐射传输方程的计算,得到相应大气水汽条件下的亮温数据。

上述方法计算得到的各层大气水汽数据,作为物理迭代的初始值。Rodgers首先提出利用物理迭代法,反演大气温度和大气成分。在迭代过程中,使用代价函数作为约束,以结束迭代过程,得到最终的各层大气水汽含量。

综上所述,热红外波段具有为数众多的水汽吸收谱线,是反演整层大气水汽含量和大气水汽廓线的理想数据源。整层大气水汽的反演方法,主要利用了 $6.3\mu m$ 附近的强水汽吸收谱线特征、$11\sim12\mu m$ 附近的劈窗,根据简化的辐射传输方程,采用解析型的表达式进行反演,获得的总体反演精度为 $3\sim5mm$。水汽廓线的反演方法,主要利用的是热红外波段大量吸收谱线的特征,首先运用线性回归法获得初始值,进而采用物理迭代式,求解各层的水汽含量,水汽廓线的总体反演精度为 $10\%\sim15\%$。随着红外探测仪光谱分辨率的增加,大气水汽的垂直分辨率将更为精细。由于易受云层等影响,热红外遥感难以反演浓云覆盖条件下的大气水汽状况。

三、被动微波遥感方法

与可见光近红外波段、热红外波段相比,被动微波具有不受云层干扰等优势,可以单独作为反演大气水汽的重要手段;或者与红外波段数据联合反演大气水汽剖面,为云层覆盖条件下的大气水汽剖面反演提供重要途径。

星载微波传感器所接收的信号主要来自地表的发射辐射、大气的发射辐射和宇宙的发射辐射 3 个组成部分。在干燥大气条件下,微波波段的透过率高达 95%;在湿润大气条件下,微波波段的透过率约为 50%。

因此,星载微波传感器接收的信号在很大程度上取决来自地表的发射辐射。由于陆地的地表覆被类型变化多样,不同地表覆被类型的发射率之间存在很大差异,使得地表上空的大气水汽遥感反演较为困难,因此早期大气水汽的微波遥感反演主要集中于海洋上空。被动微波反演大气水汽的关键问题在于,如何准确地分离地表发射辐射、大气中其他成分(液态水)对发射辐射的影响。与红外波段大气水汽的反演方法类似,被动微波反演大气水汽的方法,可以分为统计方法和物理方法两类。

(一)统计方法

Rosenkra 等最早利用机载的微波辐射计数据,使用线性回归法反演大气水汽含量。Staelin 等采用线性回归方法,利用 22.235GHz 的水分子振动吸收波段和 31.4GHz 大气窗口波段的亮温数据,反演了海洋表面的大气水汽含量。由于在这些波段的陆地发射率为 0.8~1.0,地表亮温与大气水汽亮温非常接近,因此很难在陆地上空反演大气水汽含量。海洋表面的发射率约为 0.45,海洋亮温低于大气水汽亮温,使得海洋上空的大气水汽反演成为可能。

Alishous 针对 SMMR(Scanning. Multichannel. Microwave. Radiometer)传感器,使用线性回归法反演大气水汽含量,反演精度可达 0.20~0.25g/m^2。Hollinger 提出了 Hughes 算法,使用 SSM/I 微波数据反演海洋上空的大气水汽。该方法根据气候条件,将南北半球各分成 11 个子区域,每个子区域对应不同的纬度区域或季节特征。采用 SSM/I4 个微波波段亮温的线性组合来反演大气水汽,对于每一个子区域采用不同的回归系数。当然,对各个子区域使用不同的系数,会导致不同分区边界处所反演的大气水汽含量存在较大的梯度变化。总体而言,Hughes 方法的反演精度约为 0.47g/m^2。

为改进 Hughes 方法,提高大气水汽的反演精度,Alishouse 等在线性回归方程中加入 22GHz 波段亮温的平方项,获得了 0.24g/m^2 的反演精度。Petty 提出了 GSWP 方法,主要用于反演海面风速。该方法来自 GSW 方法,两者的差异在于 GSWP 方法进行了大气水汽的校正。

GSWP 方法通过建立大气水汽含量与 19GHz、22GHz 和 37GHz 波段亮温之间的非线性回归方程,反演大气水汽含量.

神经网络法由于在处理非线性问题上具有独特的优势,也成为被动微波反演大气水汽的常用方法之一。Krasnopolsky 等提出了同时求解大气水汽含量、液态水含量、风速和海面温度的 OMBNN3 神经网络方法。该方法以 SSM/I5 个波段的亮温数据为输入项,以大气水汽含量等 4 个参数为输出项,采用 1 个隐含层 12 个节点的神经网络结构。虽然该方法以反演风速为主,但能够同时得到大气水汽含量。当然,神经网络方法也可用于反演陆表上空的大气水汽。例如,Aires 等以微波亮温数据和 NCEP 数据提供的初估值为神经网络模型的输入项,以大气水汽含量、云液态水含量、地表温度和发射率为网络的输出项,得到大气水汽含量,在晴空条件下的反演精度为 0.38g/m²,在有云层覆盖条件下的反演精度为 0.49g/m²。

(二)物理模型

Wentz 根据微波波段的大气辐射传输方程,利用 SSM/I 传感器的极化特性,建立了解析型 Tg 模型,包括近地表风速、水汽含量、液态水含量 3 个主要变量,及海面温度、大气等效温度、大气等效压强和风向 4 个次级变量。其中海面温度数据来自气象观测资料或红外遥感反演数据和大气环流模式(GCM)数据,大气等效温度表示为水汽含量和海面温度的函数,大气等效压强表示为水汽含量的函数。

基于前向辐射传输模型的物理迭代法也是重要的大气水汽反演方法。Prigent 和 Rossow 提出了基于 SSM/I7 波段亮温数据的牛顿迭代法,用于反演陆地上空的大气水汽含量。研究结果表明,由于 SSM/I 亮温对大气水汽的敏感性很低,大气水汽含量反演精度受地表发射率的影响很大;仅在沙漠地区地表发射率较低的情况下,可用来弥补其他观测或反演方法的不足。该方法通过以下约束方程,同时求解大气水汽含量、液态水含量和地表温度。

综上所述,统计回归法是微波遥感反演大气水汽的主要方法但主要用于海洋上空的大气水汽反演,同时也能反演大气中的液态水含量,大气水汽的总体反演精度为 $2\sim5$mm。基于物理模型的反演方法,能够显著地提高大气水汽的反演精度,并且同时反演其他物理量,其中大气水汽的反演精度可达 2mm 以内。虽然利用微波遥感反演大气水汽基本上不受云层的影响,但由于受到地表发射率的影响,利用微波遥感反演陆地上空的大气水汽存在较大困难。鉴于此,全球海洋区域的大气水汽产品主要由微波遥感产品构成。

四、主动微波遥感方法

根据大气水汽对主动微波传输的延迟作用,通过分析大气水汽对微波延迟量的大小,能够获得大气水汽含量。与被动微波相比,主动微波具有空间分辨率高,水汽反演精度高等优势。

通过获得或消除与几何距离相关的相位,忽略或消除大气散射所引起的相位,可得到由微波信号速度变化而引起的相位。考虑到大气水汽的密度变化是导致微波信号速度变化的主要原因,通过建立由速度变化而引起的相位与大气水汽含量之间的定量关系,可以反演大气水汽含量。目前,常用的主动微波反演大气水汽方法有 GPS 气象学方法和干涉雷达方法。GPS 气象学方法通过微波的单向传播方式探测大气水汽,而干涉雷达则通过发射微波并接收回波的方式探测大气水汽。

(一)GPS 气象学方法

GPS 通过发射 L 波段的微波信号（L1：1.228GHz 和 L2：1.575GHz）,向地面用户提供导航、定位以及授时功能。GPS 信号在大气传输过程中会受到对流层大气的影响。大气的影响包括两个部分:一是大气水汽对折射率的偶极矩贡献,二是大气水汽和干洁大气对折射率的非偶极矩贡献,分别称为湿延迟（wet. delay）和静力延迟（hydro. static. delay）。

利用 GPS 数据反演大气水汽的误差源,包括天顶方向湿延迟的估计误差、由湿延迟到大气水汽含量的转换系数误差以及转换模型误差。在估算天顶方向的湿延迟时,往往假定大气为各项同性。在一些极端的天气条件下,这种假设通常会造成 20% 的估计误差。此外,GPS 观测值还受到诸如电离层和多路径效应的影响。

在没有无线电探空仪或微波辐射计数据的情况下,利用地表温度估算大气平均温度,也会导致水汽含量的估算误差。尽管如此,利用 GPS 数据估算大气水汽含量可达到 2mm 的精度。随着 GPS 连续运行参考站数量的不断增加,新型全球定位系统的投入运营(如我国的北斗系统等),以及天顶角湿延迟分量求解精度的提高,利用 GPS 探测大气水汽具有广阔前景。

GPS 掩星技术是利用 GPS 观测数据反演大气水分的新技术。它的基本工作原理是:正在被大气所遮掩的 GPS 卫星发出的导航信号,被另一装载在低轨道卫星上的 GPS 接收。由于 GPS 卫星发射的信号在穿透大气层时,其振幅和相位因大气吸收和折射而发生变化,接收机记录该信号的延迟量与振幅,并发送至地面的遥控站。根据地面处理中心接收的延迟量与振幅及 GPS 与低轨道卫星的星历信息,可以反演掩星剖面上的大气水汽含量。与地基 GPS 相比,GPS 掩星技术反演的大气水汽具有较高的垂直分辨率。随着低轨道卫星的不断发展,这些卫星上安装的 GPS 接收机将提供更多的掩星观测机会,与地基 GPS 水汽反演相结合,从而监测全球的水汽分布。

(二)干涉雷达方法

干涉雷达技术(InSAR, Inter. ferometric. Synthetic. Aperture. Radar)是以同一地区的 2 张 SAR 图像为基础,通过求取 2 幅 SAR 图像的相位差,获取干涉图像,然后经相位解缠,从干涉条纹中获取地形高程数据或探测地表形变的技术。

与 GPS 信号类似,雷达信号在大气传输过程中同样会受到大气水汽的影响,导致信号传输发生延迟。Hanssen 提出了利用干涉雷达技术,反演大气积分水汽含量的方法。该方法采用覆盖同一区域、时间间隔为 24h 的 ERS-1SAR 数据和 ERS-2SAR 数据,在地表无明显变化的前提下,采用数字高程模型来校正2景雷达数据由几何距离引起的相位差。假设2景影像过境时大气的散射作用相同,由此得到2景影像在大气传播过程中因信号延迟而产生的差分相位φ,并根据此相位差来反演大气水汽含量。

利用SAR反演大气水汽的基本途径是:建立2期SAR影像天顶方向的双差延迟(时间差分和地点差分)与差分相位之间的关系,再由双差延迟确定大气水汽含量。研究表明,大气水汽含量与天顶方向延迟之间的换算系数相差不大,且都与温度相关。采用InSAR技术反演大气水汽,具有较高的空间分辨率及较高的估算精度,这对确定局部地区水汽的精细分布具有突出的优势。

五、激光雷达遥感方法

激光雷达属于主动遥感,通常采用紫外、可见光和近红外波段来进行探测。根据发射的激光波长与被探测物体之间的尺度关系,激光的散射作用可分为瑞利散射、米氏散射、拉曼散射和荧光效应。大气水分子与激光的作用主要有吸收作用和拉曼散射作用,可以用来反演大气的水汽含量。目前激光雷达探测大气水汽的基本方式包括差分吸收激光雷达和拉曼散射雷达。

(一)差分吸收激光雷达

差分吸收激光雷达技术可用于探测大气臭氧、水汽和气溶胶等成分。差分吸收激光雷达反演大气水汽的原理,与可见光—近红外反演大气水汽的原理类似。差分吸收激光雷达同时发射两束激光,其中一束位于水汽吸收线附近,接收的回波信号为Pm;另一束远离水汽吸收线,接收的回波信号为Por。

(二)拉曼散射雷达

拉曼散射效应是指散射辐射的波长与入射辐射的波长之间存在差异,散射辐射的波长可以大于或者小于入射辐射的波长。在自然大气条件下,拉曼散射波长一般大于入射辐射波长。对于水汽分子,其振动拉曼

光谱的频移量为 $3654cm^1$。当激发波长为 355nm 时，N_2 和水汽分子的拉曼后向散射回波信号的波长分别为 386.7nm 和 407.8nm。

综上所述，由于近地表的大气水汽含量高，气溶胶浓度大，激光很难穿透低层大气而到达高空，因此机载或星载激光雷达的反演精度要高于地基激光雷达。差分吸收雷达反演大气水汽含量的精度为 8％～25％，拉曼雷达探测大气水汽的绝对精度约为 10％～15％。由于水汽吸收线普遍较窄，且随温度和气压发生变化，因此差分吸收雷达的主要误差在于吸收截面的选择。而拉曼雷达则主要受太阳背景辐射的影响，在白天情况下大气水汽反演受到制约。

六、多传感器联合方法

随着遥感技术的不断发展，多种卫星遥感平台的发射，例如在轨运行的 A－Train 卫星编队，可在短时间内对同一地表实现多平台、多传感器、多波段、多模式和多极化的遥感观测，提供了大量的多源遥感数据。使用多源遥感数据来反演地球物理参数，可以获得比单一遥感数据更高的反演精度。因此，基于多源遥感数据联合反演大气参数，已经成为提高大气水汽反演精度的重要手段。

按照多源遥感数据组合方式的不同，多传感器联合反演可分为加法、分解、间接和去噪等 4 种方式。以大气水汽和大气温度的反演为例，红外和微波数据可分别反演大气水汽，同时使用这种数据来反演这一指标，属于加法方式。另外，这两种数据都可独立地反映大气的水汽和温度信息，若采用这两种数据同时反映大气的水汽和温度信息，则属于分解方式。如果考虑大气的温度剖面与水汽剖面之间的相关性，利用红外数据反演大气水汽，采用微波数据反演大气温度，并在大气温度和大气水汽先验知识的基础上，反演大气水汽和大气温度，则属于间接方式。对于高光谱红外数据，相邻波段亮温数据之间误差的相关性很大，可考虑去除数据噪声，从而提高反演精度，则属于去噪方式。

(一)MRAP 算法

Stankov 提出了使用地基、空基和天基多传感器联合反演大气属性的方法(MRAP，Multisensor. Retrieval. of. Atmospheric. Properties)。MRAP 算法采用多种数据源反演大气水汽含量，属于多传感器联合反演的加法方式。该方法分别采用地基的测量数据、飞机搭载传感器数据和星载遥感数据反演底层、中层和上层的大气属性。地基遥感器装置包括探测大气水汽含量的 GPS 接收机、探测云底高度的激光云高计、测量风属性的风廓线仪及测量虚温的无线电声波探测系统(RASS)等，另外包括地面气象站布设的测量温度、湿度、压强、风速和风向的多种装置，飞机的通讯地址与报警系统和雷达探空仪等。卫星遥感观测传感器包括 TOVSHIRS/MSU/SSU。与 ECMWF 数据相比，该方法反演的大气水汽数据具有更高的垂直分辨率，能够探测大气边界层的水汽分布细节信息。

(二)AIRS 科学小组算法

Susskind 等提出了在有云条件下利用 AIRS/AMSU/HSB 数据综合反演地表参数和大气参数的方法。AIRS 科学小组算法反演大气水汽含量，建立在多源遥感数据和已知温度剖面的基础之上，包含了多传感器联合反演的多种方式。该方法利用相邻视场角内的晴空观测值，代替云层覆盖的辐亮度值，采用迭代方法，依次反演地表温度，地表发射率，太阳反射波段的地表二向性反射率，大气温度剖面，大气湿度剖面，大气臭氧剖面及云的属性。其中，每步反演都建立在之前已反演参数的基础上，选择与之相应、反演参数最为敏感的波段。每步反演的最终目的是，保证当前的计算结果能够在最大程度上与选择波段的辐亮度保持一致。该方法的迭代过程简单，计算结果对初估值的敏感性低。Susskind 等研究表明，对于地表和 200mb 之间 1km 大气水汽分层而言，该方法的反演精度为 20%。

(三)最优估计算法

在 Rodgers 的最优估计理论的基础上，假设反演参数具有对数正态分布特.征,采用贝叶斯理论,将遥感观测值的概率分布函数,映射到反演参数的概率分布函数,以寻求最优解。Elsaesser 等将最优估计算法应用到 AMSR－E、SSM/I、TRMM 和 TMI 微波数据,大气水汽含量的反演精度为 2.99～5.15mm,与单一传感器数据优化算法的反演精度相当。

(四)3I 算法

改进的初始化反演方法(3I, Improved. Initialization. Inversion)属于物理反演模型方法。与最优估计方法类似,该方法的特点在于利用最小距离准则确定初估值,改进了初估值的确定方法,使得复杂的物理反演过程只需一步迭代即可得到最终解。

Chedin 等(1985)使用无线电探空仪和火箭高空探测仪数据,选择398 种大气条件,包括气压、温度、水汽、臭氧混合比的垂直剖面,以及经度、纬度和时间等参数,根据地表观测的气压和地表发射率数据,计算对应各种观测条件下 HIRS－2 和 MSU 传感器各波段的亮温值,建立TOVS 初估值反演(TIGR, TOVS. Initial. Guess. Retrieval)数据集。然后,进一步将遥感观测亮温的影响因素转换为纬度、观测角度、气压和地表发射率,得到数据子集。将 HIRS－2 和 MSU 观测的亮温数据,与所建立数据集中的数据进行比对,通过最小距离准则,确定最佳的初估值。该方法本质上属于建立查找表确定初估值的方法,由于计算速度快,十分有利于全球大气水汽含量产品的反演,目前已经成为 TOVS 大气数据的业务化反演方法。

此外,还可以使用神经网络算法等进行联合反演。Aires 等利用METOP－A 传感器搭载的 IASI 红外亮温数据,以及 AMSU 和 MHS 微波亮温数据,采用神经网络方法,同时反演大气水汽、温度和臭氧的剖面分布,并与红外反演方法、微波反演方法和红外－微波联合反演方法等进行精度比较。其中,单独采用微波波段反演大气水汽的精度,高于单独采用红外波段的反演精度,采用红外微波联合反演的精度最高。对于大气积分水汽含量,红外反演方法的反演精度为 $0.45g/cm^2$,微波方法的反演精度为 $0.33g/cm^2$,红外－微波联合反演的精度为 $0.29g/cm^2$,采用联合反演方法的精度优于单独反演结果的加权平均。

第二节　陆地水体参数遥感

陆地水体(terrestrial, water)是相对海洋水体而言的,指陆地表层上以液态形式存在水体的总称,主要包括江河、湖泊、水库、地下水、湿地及洪泛平原等区域中存在的水体,约占全球总水量的1.764%。其中,除地下水以外的陆地水体所占比例不足全球总水量的1%,却与人类的生产生活有着密切的关系,是人类赖以生存的物质基础,在全球的生物化学循环及水文循环中也发挥着极其重要的作用。江河湖库等的水域面积、水位及蓄水量等物理参数是衡量陆表水资源量的重要指标。实时、准确地监测这些参数及其变化,对于水资源的高效管理、气候变暖效应的准确评价及全球或区域水文过程的深入研究等均具有十分重要的现实意义。

关于陆地水体的认识,过去大多基于站点的观测和模型模拟的结果。传统的基于离散分布的地面水文监测网络系统(如地表水或地下水的水位测量),一方面缺乏宏观性和灵活性;另一方面由于受下垫面地理条件的限制,会形成一定的观测盲区,导致站点观测数据及模型输入参数在空间上存在着不连续性和欠缺。迄今为止,人们尚对陆地水体在大区域和全球性方面的认知十分匮乏,一定程度上成为制约区域水资源可持续利用的瓶颈。

遥感技术的产生和发展,为认识陆地水体的宏观分布特征和监测大尺度水文过程,提供了现实可能性和实现前景。本章以陆地水体为重点,介绍有关物理基础知识,包括陆地水体的存在形式与分布,陆地水体的基本运动方式与度量指标,以及陆地水体与电磁波的相互作用特性。其次,简述利用遥感手段提取陆地水体参数的基本原理和方法,包括可见光—近红外、热红外、被动微波、主动微波以及多传感器联合等多种方式。然后,简要地介绍陆地水体有关参数的地面观测方法,以及遥感提取精度检验方法。最后,概述关于陆地水体的全球及区域性数据库,并结合实际应用案例,简述遥感数据在陆地水体研究中的应用价值以及陆地水体的全球分布特征。

在度量陆地水体的众多指标中,水位和水域面积是其中两个最为基本的水体参数,目前同时也是用于直接估算湖(库)水量及其变化的数据基础。实时准确地监测湖泊、河流水位及其水域面积的变化,对于合理安排灌溉用水、防洪调度及科学规划流域湖泊水资源、合理开发与区域可持续发展均有极其重要的意义。有关水位与水域面积的传统测量方法,主要是根据采样点数据或大比例尺地形测绘来实现。这些方法费时费力,而且很难在较大的空间范围上开展,成为制约开展大区域乃至全球范围内陆地水体高效监测的瓶颈。

在复杂多样的地表覆被中,水体可以说是最容易被识别的地物。自20世纪60年代地球卫星发射以来,人们就从卫星影像上区分出陆地水体。早期的水体遥感主要方式是被动遥感,其中又以可见光—近红外为主要手段。至20世纪90年代,由于微波具有全天候的特性,随着微波遥感技术的发展,水体的微波遥感得到日益广泛的应用。

近些年来,激光雷达等新技术给水体遥感研究带来了新的活力。基于这些遥感数据,人们研发了从可见光—近红外,到热红外和被动微波,再到主动微波的、多种多样的算法。为全天候地检测陆表水体,开展多平台、多通道、多模式的联合反演,正成为新的发展趋势。本节主要针对水域面积、水位和水量这3个水体参数,分别从可见光—近红外、热红外、主动微波、被动微波以及多传感器联合等方面,分别介绍遥感探测陆表水体的基本原理和方法,并归纳总结各方法的精度、优势和局限性,同时给出相关的应用案例。

一、水域面积

水域面积作为陆地水体最基本、最直观的物理参量之一,一直以来都是人们进行遥感监测的重要对象。1972年,美国第一颗陆地资源卫星(Landsat—1)发射升空,许多先驱性研究就此开展,而后随着多卫星、多传感器的不断发射和应用,水域面积的遥感监测也日渐完善。目前获取水域分布的途径有多种,根据卫星传感器的不同,可以分为光学遥感方法、微波遥感方法及多传感器联合反演方法。

在遥感技术发展之初,人们主要依靠可见光和红外线波段进行陆地水体监测,但是受到云的影响,监测结果常常难以捕捉云雨天气下的陆地水体面积。被动微波遥感虽然空间分辨率低,但是其亮度温度数据的获取不受天气条件的限制,而且重复周期短,已经逐步受到了重视。合成孔径雷达(SAR)卫星数据由于同样不受天气条件的影响得以重视,成为监测陆地水体的重要手段。由于 SAR 重返周期一般比较长,而且数据获取费用高,目前还局限于个例研究。随着多源遥感数据的不断增长,运用多传感器、多通道(可见光、近红外和微波)、多模式(主动和被动)的联合手段来监测陆地水体面积的长期变化,成为水文遥感新的发展趋势。本节主要从可见光和红外、热红外、主动微波、被动微波和多传感器组合等 5个方面,简要介绍水域面积的提取原理和方法。

(一)可见光-近红外

如前所述,可见光-近红外卫星遥感图像记录了地物对电磁波的反射信息。由于不同地物在组成、结构及理化性质上存在差异,导致地物的光谱反射率不尽相同。在可见光范围内,水体反射率总体上比较低,不超过 10%,到 $0.75\mu m$ 以后的近红外和短波红外波段,清澈水体的反射率接近于 0,一般呈现黑色调。这种特征与植被和土壤等地物的光谱反射曲线形成明显差异,因此可以利用这一特征把水体与其他地物区分开来,这是在可见光-近红外波段提取陆地水体信息的基本原理。

当然,基于多光谱光学遥感影像,相继提出许多提取方法,包括单波段法、波段比值法以及图像分类法等。

(1)单波段法　单波段法也称为单波段阈值法,它利用水体与周围背景地物在某一波段上反射率的不同特点,对单个波段设置某一阈值,来区分水体和背景地物。以 TM 遥感图像为例,TM5 波段为短波红外波段,水体在这一波段吸收最强,反射率几乎为零。在图像处理过程中,利用表示像元数值分布的直方图,在直方图上的水体分布峰值与其他地物分布峰值之间,确定区分两者的阈值,小于该阈值的像元分为水体,大于该阈值的像元分为其他类型,如图 2-1 所示。为了更加合理地确定阈值,可辅以 Otsu 阈值确定方法等。总体上看,单波段法方法十分简单,易于使用;缺点是容易受"异物同谱"的影响而导致分类精度不高。例如,在城镇等地区,建筑物阴影与水体之间存在相似的光谱特征,常常导致误分而降低分类精度。

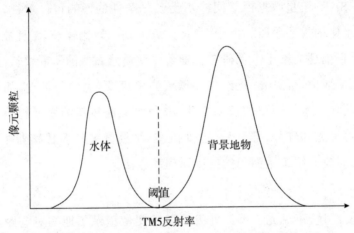

图 2-1 利用直方图确定阈值区分水体

(2)波段比值法波段比值法基于多光谱遥感影像的多波段特点,选择水体的最强和最弱的反射波段,计算两者比值,即将反射率较强的波段置为分子,将反射率较弱的波段置为分母。由于比值运算增强了水体与其他地物的差异,水体信息在生成图像上的亮度得到强化,从而达到提取水体信息的目的。常见的波段比值法包括归一化差异植被指数、归一化差异水体指数(NDWI)和改进的归一化差异水体指数(MNDWI)。在图像处理过程中,采用其中任何一个指数,都可以计算得到该指数的直方图,其中水体往往分布在直方图的一侧。在直方图上,可以采取 Otsu 阈值确定方法确定最优阈值。然后根据最优阈值,对遥感影像进行分割,将水体信息提取出来,进而得到水域面积。

除了上述方法以外,还有图像分类法、密度分割法以及谱间关系法等方法。其中,图像分类法又可分为监督分类和非监督分类两大类,在很多遥感图像处理教科书中都有较为详细的介绍。相比而言,这些方法由于受分类精度等因素的制约,其应用程度不如波段比值法广泛。

(二)热红外

热红外影像能够充分反映地表的红外辐射特性,更重要的是反映地表各种目标之间的温度差异及其在不同条件下的动态变化。在波长 $3\sim 14\mu m$ 的热红外波段(发射红外波段),地物从热辐射能量吸收到能量发射,是一个热存储和热释放的过程。这个过程不仅与地物本身的热学性质有关,还与环境条件等多因素有关。对于陆地水体而言,水体的比辐射率($0.98\sim 0.99$)和热惯量都较大,对红外辐射几乎全部吸收,水体本身的辐射发射率高,水体内部存在热对流方式,从而使得水体的表面温度较为均一,且昼夜温度变化相对较慢而变幅较小。

(1)黑—白天单波段阈值法对于高山沙漠等干旱和半干旱地区的湖泊或河流而言,白开水热容量大,升温慢,比周围土壤岩石的温度低,在热红外影像上往往呈冷色调(暗色调);夜晚由于水体的贮热能力强,热量不容易很快消失,比周围土壤岩石的温度高,而往往呈灰白色(浅色调)。这样,基于白天和夜间热红外图像上色调的差异,针对单一热红外波段,通过人工解译或用简单的阈值分割法,便可以提取水域分布信息,但是使用单一热红外波段的提取精度一般相对较差。

(2)NDWI扩展指数法如前所述,利用可见光—近红外波段的 NDWI 水体指数法,可以实现水体和植被的明显区分,但在某些情况下陆地信息有可能与水体信息相混淆。结合热红外波段对水体、陆地和植被的响应特点,可对 NDWI 水体指数进行扩展。

(三)被动微波

利用可见光—近红外和热红外等光学遥感波段,虽然能够较为准确地实现陆地水体的信息提取,但它容易受到云层的影响,限制了光学遥感在监测水体动态变化方面的使用)。而微波波长较长,能够穿透云层,受云层影响要相对较小,并且微波影像的几何特点与可见光和红外影像相近,同时微波信号对地表水体的变化十分敏感,可以在云雨天气下监测大范围的地表水体。

对于陆表覆被而言,不同地物在微波波段介电特性方面的差异,可导致卫星微波辐射计在亮温上呈现出显著的差异。在有水覆盖的地方,其亮度温度通常比周围环境低约 10K 左右。基于水体的微波发射率较低这一特征,便可以从亮温分析中,很容易地划定水面分布的范围,这也是利用被动微波遥感进行陆地水体探测的基本原理。其基本思路是把微波辐射亮温看成陆地水体的函数,建立亮温与地表水体之间的函数关系,从而实现陆地水体的有效提取。基于被动微波数据,常用的水体提取方法主要有聚类分析法和极化比值法等。

(1)聚类分析法地球表面是一个辐射发射源,地表比辐射率是地物的重要特性之一。根据地表水体与其他地物之间的微波亮温差异特性,可基于影像亮温的直方图设定分类阈值,对地表覆被类型(包括水体)进行逐层划分,运用聚类分析方法,实现对地表水体的区分与监测。

(2)极化比值法一般而言,随着水分含量的增加,地表覆被的微波发射率减小,而极化特征加强。Fily 等分析结果表明,PRI 最大程度地分离了土壤湿度、地表粗糙度、植被和大气等因素的影响,对陆地水体具有很好的敏感性。

利用被动微波遥感数据提取和监测陆地水体,自 20 世纪 80 年代开始。Choudhury 基于 SMMR(Scanning. Multichannel. Microwave. Radiometer)微波辐射计的 37GHz 通道的垂直和水平极化亮温差,对亚马孙河流域 Negro 河的洪水面积进行了监测。谷松岩等利用 TMI(TRMM. Microwave. image)的 19GHz 通道计算 PRI,对 1998 年长江流域地表洪水特征进行了分析。颜锋华和金亚秋利用 SSM/I 的 19GHz 通道,定量评估了淮河流域 2003 年的洪水面积动态变化特征。

(四)主动微波(微波雷达)

光学遥感传感器容易受到云雾、湿地挺水植被及洪溢林的干扰,而主动微波遥感(微波雷达),尤其是合成孔径雷达(Synthetic. Aperture.

Radar,SAR),能够穿透云雾,具有全天候、全天时的特点。该类传感器包括 JERS-1SAR、ERS1/2SAR、RADARSAT、Envisat. ASAR 及 ALOS-PALSAR 等。

雷达影像的亮度值表征的是雷达回波强度的大小,取决于雷达的后向散射系数。对于具有特定波长、入射角和极化方式的雷达系统而言,后向散射系数的大小主要取决于目标地物的物理属性。相比微波辐射波长而言,雷达影像中水面可视为光滑表面,并以镜面反射为主,后向散射系数较弱,在雷达影像上表现为整体亮度很低(呈暗色或黑色)且成面状连续分布的像素区域,与其他地物之间存在显著的区别。

然而雷达成像原理与光学遥感之间存在很大不同,雷达成像系统是基于相干原理实现的,在雷达回波信号中,相邻像素点的灰度值会由于相干性而产生一些随机变化,并且这种随机变化是围绕着某一均值而进行的,这样就会在雷达影像中产生斑点噪声,从而使得水域的灰度发生明暗变化。因此,使用基于单个像元的传统方法,来提取雷达影像上的陆地水体信息,存在很大的限制。由于受到地表特性、图像相干斑点噪声和分类算法等影响,目前大多采用阈值分割法和面向对象法等来提取雷达影像中的水体信息。

(1)阈值分割法由于水体目标在 SAR 影像中表现为整体亮度很低且呈面状连续分布的像素区域,因此从图像处理的角度来看,雷达影像中的水体提取过程,实际上就是图像分割中的"二值化"过程。基于此,在图像处理中常用阈值分割法,也可用于雷达影像的水体提取。阈值分割法是一种简单实用的方法,对于基于 SAR 影像的水体提取而言,其基本思想是首先确定阈值,然后将灰度值小于给定阈值的像元统一判归为水体,而灰度值大于给定阈值的像元则判归为背景地物。由于受到相干噪声的强烈影响,获取合适的阈值,是使用该方法能否正确区分水体的关键。阈值获取的方法大多采用经验法、试验法、双峰法及数理统计法等。

(2)面向对象法如果某些地物的回波强度与水体十分相近,利用阈值分割提取时,就容易造成误分。除了阈值分割法以外,还可以结合水体本身的对象信息提取水体,这样就避免了对波谱信息的过度依赖性,从而减少其他地物对水体信息提取的干扰。所谓面向对象法是以图形对象为基础,分析对象的属性和对象间的相互关系,并利用这些属性和关系,对目标地物进行分类提取。该方法以图像分割得到的同质区域(对象)为基础,进行分类和信息提取,充分地利用对象属性和类间关系属性,突破了基于像元分类方法的局限性,从而可以很好地改善水体信息提取的结果。

鉴于微波雷达全天时、全天候的特点,基于 SAR 影像的水域面积提取方法在国内逐渐得到了推广应用。杨存建和周成虎利用微波遥感数据进行水域面积提取,一方面可以提高水体变化监测的频率和准确性;另一方面还可以与光学传感器获取的水域面积信息相复合,实现全面监测水域面积的动态变化。朱俊杰等采用传统的纹理检测方法与基于成像知识的目标表达方法相结合,实现了高分辨率 SAR 图像中水体的精确提取。曹云刚和刘闯以 ASAR 为数据源,根据水体在雷达图像数据中具有较低值的特点,使用阈值法实现了对洞庭湖水体信息的有效提取。Alsdorf 等利用 ALOSPALSAR 传感器成功地进行了水域面积的提取,并且有效地避免了植被的干扰。沈国状和廖静娟将面向对象法应用到了多极化 SAR 图像的地表淹没程度分析中,并利用 2004 年 8 月份鄱阳湖湿地的 EnvisatASAR 交替极化图像提取了地表淹没程度,得到了较好结果。王庆和廖静娟以 C 波段 Envisat. ASAR 和 L 波段 ALOSPALSAR 交替极化模式的数据为数据源,应用主成分变换对地物的参数向量进行特征提取,并在第一主成分中选择适当阈值,准确提取出了不同时期的鄱阳湖水体信息,提取精度高达 99%。此外,还有部分研究者通过在不同极化通道的 SAR 数据中引入纹理特征、极化差和极化比等特征信息,增加水域面积提取的精度。总之,相比于光学遥感方法,雷达遥感获取水域面积的应用并不如前者广泛,主要是因为雷达遥感容易受到水面风场、流场和水下地形等因素的干扰,造成大面积的水体亮度反差,给影像解译带来较大的困难。

(五)多传感器联合

随着遥感技术的发展,具有不同时间、空间、光谱、辐射分辨率的遥感卫星不断涌现,陆地水体面积的全天候、全天时的探测能力不断增强。但是,任何单一传感器的探测性能和探测寿命都存在着局限性。光学遥感无法实现云雨天气下的水体探测;热红外遥感则由于常常仅存在一个波段,无法实现地表水体的高精度提取;被动式微波的空间分辨率往往较低,与实际需求存在较大的差距;主动式微波遥感容易受到风场、流场等因素的干扰等等。为此,综合应用光学传感器和主-被动微波传感器的多波段、多时相数据,发展适用于陆地水体提取的多传感器联合方法,成为国际对地观测技术发展的前沿方向之一。多传感器联合是一种较好的综合利用多源遥感数据的技术,充分利用微波数据的云雾穿透能力、雷达数据的高分辨率空间纹理信息和多光谱数据的地物光谱差异信息,从而达到提高水体目标提取精度的目的,是陆地水体遥感提取发展的必然趋势。

在多传感器联合遥感提取陆地水体的应用案例方面,谭衢霖等利用鄱阳湖区湿地平水期 Landsat/TM 影像和洪水期 RADARSAR－1ScanSAR 影像进行复合,实现了对湿地泛洪区动态变化监测。Prigent结合可见光－近红外以及主-被动微波遥感数据,提出监测全球陆地水体的季节性淹没范围。Prigent 等利用多传感器卫星数据(SSM/I 被动微波辐射计数据、ERS 散射计数据和 AVHRR 可见光－近红外数据),分别基于发射率计算、后向散射系数计算以及归一化植被指数(NDVI)计算等方法,如图 2－2 所示,生产了空间分辨率为 $0.25° × 0.25°$、全球范围内逐月平均的湿地淹没范围数据。张永军等提出了将 LIDAR 数据对水体的敏感性与航空影像的高分辨率特征相结合的水体自动提取方法,取得了很好的效果。熊金国等开展了基于光学影像辅助的微波遥感水体提取方法研究,结合 COSMO. Sky. med. SAR 数据和 FormoSAT－2 多光谱数据的分析结果表明,这一方法可有效地区分大部分阴影和水体。

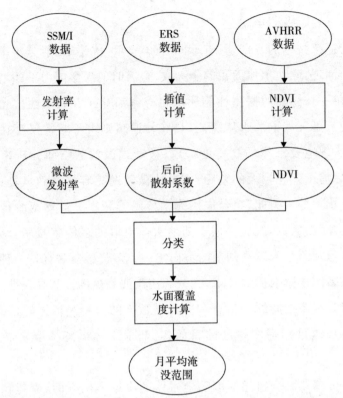

图 2-2　基于多传感器卫星技术提取湖库、湿地水面信息流程

二、河湖水位

水位是除水域面积以外另一个重要的陆地水体物理参数,是地表径流变化的重要指示因子。准确有效地测定湖泊、河流水位,对于合理安排灌溉用水、防洪调度以及估算地表蓄水量等具有极其重要的作用。传统的水位测定方法有水尺验潮法、井式验潮法、超声波验潮法等,这些方法在经济性、宏观性和灵活性等方面具有一定的缺点,成为制约实时高效监测水位的瓶颈。

20 世纪 60 年代遥感技术的出现和发展,给测算湖泊、河流等陆表水体的水位带来了新契机。伴随着遥感技术的发展,水位提取的数据源和方法也逐步发生了转变,遥感数据源经历了从光学遥感数据向微波遥感数据的转变,水位遥感反演方法也由原先的间接反演方法变为目前广泛采用的直接遥感监测的手段。根据卫星传感器的不同,可以分为光学遥感方法、微波遥感方法和多传感器联合反演方法等。下面将主要从光学间接遥感反演方法和微波直接遥感监测方法两个方面,简要介绍水位遥感提取的原理和方法。

(一)光学间接遥感反演方法

利用遥感影像,提取陆表水体的高程信息,目前主要是借助于水体的属性信息进行推算。例如,湖泊的水位与面积之间存在相对固定的数理统计关系,利用这一关系,可从水域面积数据推算获得即时水位。目前利用光学遥感影像提取陆表水体水位的方法,可分为遥感影像法和面积水位关系法。

(1)DEM叠合法影像法的原理是首先借助于较高分辨率的卫星影像获取清晰的水陆分界线或水域分布,进而结合几何地形图或DEM数据,得出水陆交接处的水位。其中,水陆分界线的获取或水域分布信息的获取通常是基于近红外波段的水体辐射率明显的单一并低于其他地物这一特性,采用波段比值法获得水域分布信息来实现的;当然,也可以利用微波遥感数据提取水域分布。在此基础之上,将水域分布影像与DEM地形数据进行叠加,可获取某点水陆交接处的高程值,作为该位置的水位值。这一反演方法逐渐得到了国内外研究者的普遍关注。早期学者利用Landsat数据及地形图获得水陆交界处的点水位数据,同时将其与实测数据进行比较,得到了较好的结果。Brakenridge等和齐述华等也提及基于影像叠合DEM来估算水位的方法。然而,影像法在实践中很少应用,主要原因在于该方法的限制性因素比较明显,在地形较为复杂或植被覆盖较多的地区容易引起较大误差,且在很大程度上依赖于DEM地形数据的精度。

(2)面积-水位关系法面积-水位关系法是指利用多时相遥感影像,获取湖泊或水库在不同时期的水域面积,结合水文站点观测资料,建立水域面积-水位关系曲线,进而根据所建立的关系曲线来间接估算水位的一种方法。黄淑娥和钟茂生根据鄱阳湖退田还湖前后水体淹没模型,建立了水域面积与湖口站水位之间的统计关系模型,同时利用该模型对 2002 年遥感数据进行检证,估算结果与遥感测算结果的相对误差值为 0.9%~3.6%,但对 1998 年遥感影像的相对误差超过 5%,原因在于该影像部分受到云的影响,影像质量是影响估算结果好坏的重要因素。此外,使用这种方法估算得到的水位精度,也与实测水文站点的代表性及资料是否充分有关。值得注意的是,水域面积与水位之间的统计关系不具备普适性,各湖库需要单独建立水域面积—水位关系模型。

总体而言,目前利用遥感监测陆面水体水位,并不像监测水域面积那样成熟,提取精度有待提高。在雷达高度计受到限制的情况下,影像法仍然具有一定的优势,但具体的提取精度需要针对不同的水体目标进行评估。

(二)微波直接遥感监测方法

利用主动式微波遥感器监测陆地水体的主要手段是雷达高度计,其基本原理是:利用测量仪器向星下点发射脉冲、经水面回波反射后的往返时间,计算卫星平台(高度计天线)至星下点水面之间的垂直距离,最终提供相对于某个参考椭球面的点位高程数据。

可用于陆地水体水位监测的雷达测高卫星有多种,雷达高度计起初设计并成功运用于海洋观测,后来也相继运用至大型江河、湖泊、湿地及洪泛区域的水位观测中。众多研究表明,由于面积较大的内陆湖泊表面具有相似的反射特性,一般不会产生不规则反射,大型江河的测高误差一般在 50cm 左右,较好时可在 10cm 左右。尽管雷达高度计数据可用于陆地水位的直接监测,但是其观测范围"足迹"十分有限,仅仅提供了有限的且非连续的信号覆盖区,不能对湖库任意空间位置上的水位进行有效的测量。

激光雷达高度计也被用于探测陆地水体高程,其基本工作原理与雷达高度计相似,但其工作波段为可见光波段和近红外波段。与其他雷达测高数据相比,它具有覆盖范围广、采样密集、垂直分辨率高等特点。同时,LIDAR 是一种集激光、全球定位系统和惯性导航系统 3 种技术于一身的系统,可以高度准确地利用定位激光束打在物体上的光斑,因此具有更加精准的测高能力。

需要注意的是,雷达高度计受卫星轨道、往返周期及水体大小等限制性因素制约。在陆地水体的水位测量中,要保证所选点位返回的波形数据确实来自水体,而非其他地物,所得到回波数据的质量取决于地形、地物在观测区是否出现以及地物的大小。通常所观测的地物越大,所返回的回波数量越多,也就越有益于提高精度。

在水文站点数据获取困难的情况下,基于遥感手段获取水位的方法表现出极大的优势。值得一提的是,雷达高度计在内陆水体上的高度测量应用,并不像在海洋上应用得那么成功。其主要原因在于两点:首先是受到陆地水体大小的限制,即如果水域范围不够大,就不能得到来自水体的良好回波;其次是陆地地形的复杂性,回波容易受到其他地物的影响。

(三)多传感器联合

传统的卫星测高技术经过多年的发展已十分成熟,并且可以提供连续的观测数据。然而,每颗测高卫星只能获取各自的沿轨数据,在测量河湖水位时,存在着一定局限性。首先,单一高度计本身脚印点(footprint)间隔较大,落在特定湖泊或水库表面的脚印点相对有限,在数据获取的空间分辨率上存在明显的不足;其次,已有的测高卫星重复周期较长,最快的也要 10 天,在数据获取的时间分辨率上也存在一定的限制;此外,湿地植被、河道、堤坝等因素对于湖库水位的提取也存在干扰,在一定程度上无法满足当前的应用需求。

众多研究表明,将多源、多代卫星测高数据进行联合处理,能够充分利用各种高度计的优势,大大提高提取湖库水位的时空分辨率。同时,考虑不同源测高数据的权比和时空分布的连续性,未来将有望通过联合雷达测高及干涉测量的宽幅高度计(wide－swath. ocean. altimeter,WSOA)技术,进一步提高湖库水位监测的精度,以满足中小尺度湖泊变化监测的目的。该技术预计将在 2020 年发射的 SWOT(surface. water. ocean. topography)卫星计划中得以实现。其中,两个 Ka 波段合成孔径雷达天线安置在相隔 10m 的横梁上,用于测量高反射水体表面,经过干涉测量法处理后的影像测高精度将可达 2cm。高精度雷达高度计可以填补不同轨道 Ka 波段干涉图像之间的空白区域,以及对 Ka 波段干涉计进行校正。该卫星计划将通过协同 Ka 波段雷达干涉计和高度计对地联合观测,来实现地表水体全方位监测。

多卫星传感器联合监测湖库水位,已开展了越来越多的研究。孙佳龙等融合了 T/P、Jason-1 高度计数据以及 GRACE 重力卫星数据,对哈萨克斯坦东部的巴尔喀什湖高精度水位变化时间序列进行了有效构建。Singh 等联合 Jason-1/2、Envisat、GFO 以及 ICE.Sat 等多颗卫星高度计数据,研究了 2002~2011 年咸海的水位变化情况。此外,目前在卫星高度计和雷达干涉计联合监测水位变化方面也已有不少研究。

三、蓄水量

以江河、湖泊、水库及洪泛区域等形式而存在的陆地水体,在对调蓄地表径流、改善地下水质、调控地下水位及陆地水循环等方面起着极其重要的作用,其中陆地水体的蓄水量是衡量水资源量的一个直接指标,其变化对于人类的生产生活用水有着直接的影响。因此,准确地掌握陆地水体蓄水量及其变化规律,将有利于更好地理解局地水循环及全球水循环,也有利于陆地生存环境的发展。由于水文站点的分布具有有限性和水体变化的复杂性,迄今为止,人们对陆地水量及其变化的理解仍然十分匮乏,准确估算区域性和全球性的陆地水体蓄水量仍是一个挑战性的问题。

遥感技术的产生和发展,为监测水量的变化提供了可能和实现前景。虽然卫星遥感反演陆地水体蓄水量的方法研究目前还不成熟,但是表现出良好的发展势头。借助于遥感方法和技术,人们已经可以实现对湖泊和水库等陆地水体蓄水量的监测,并且逐渐成为水文与遥感两大学科交叉新的生长点。陆地蓄水量遥感反演方法大致可分为水量平衡法、水域面积－水位法和重力卫星法等。本节主要着眼于这些陆地水体蓄水量的遥感反演原理和方法。

(一)水量平衡法

在对陆地水量的研究之初,人们主要是通过水量平衡方法来实现某一特定区域(小的集水域或大的流域)的水量估算。对于某一特定的区域而言,陆地蓄水量大小取决于水文变量输入和输出项。这种方法的数学表达形式似乎十分简单而便于直接应用。如果纯粹地应用遥感手段,区域降水量和蒸散量的反演目前仍然存在着很大的不确定性。陆地降水量易于被低估,反演精度为10%~100%,因算法和研究地区而异。由于遥感影像时空分辨率的限制及现有反演方法的局限性,陆地蒸散量的平均反演精度约为30%。因此,尽管水量平衡法在理论上非常简单,但是由于降水量和蒸散量反演精度的限制,严重地制约着这一方法的实际应用价值。若能提高上述4个分量的遥感获取精度,水量平衡法可直接用于估测地表实际蓄水量变化。

(二)水域面积－水位法

利用遥感反演得到的水文参数,譬如水域面积和水位,结合流域的数字高程模型(digital. elevation. model,DEM),估算得到地表蓄水量。

随着遥感测绘技术的发展,水域面积－水位法已经得到了广泛的应用。在实际研究中,考虑到水下 DEM 获取的困难,通常很难精确地估算出陆地水体的绝对蓄水量。因此,地表蓄水量的变化量(d. S)就成为目前遥感反演所关注的核心变量。具体而言,利用可见光、红外或者微波遥感数据,获取水域面积 A,同时基于雷达高度计获取水位 h,然后根据多时相的遥感影像数据,将 A 及 h 的变化量相乘便可以获得水量变化 dS。

(三)重力卫星法

除了水量平衡法和水域面积－水位法之外,还可以利用重力卫星(如 CHAMP、GRACE、GOCE)数据来估算陆地蓄水量。这里的陆地蓄水量是指包括陆表水体和地下水在内的广义蓄水量。这是估算陆地水量变化的一个新途径。下面主要以 GRACE 重力卫星为例,简单介绍其估算陆地蓄水量的原理、方法及应用。

GRACE 卫星于 2002 年 3 月发射升空,为近地极轨卫星,可以提供地面分辨率为 300～400km,160 阶精度的月尺度地球重力场。由于地球重力场的时间变化主要来源于地球表层水体质量的再分配,因此通过 GRACE 卫星可以测量地表垂直方向的水柱量大小。对于陆地水体而言,则包括江河湖库、地表水库、土壤水和地下水等。

自 GRACE 卫星发射升空后,GRACE 数据在全球得到了广泛的应用,其中包括用来研究蓄水量的变化。研究表明,结合水位、降水和其他陆地水文数据分析,GRACE 数据可以十分有效地估算大型江河流域的蓄水量。此外,基于 GRACE 卫星的估算结果也可用来检验其他的蓄水量估算方法和计算模型。然而,GRACE 卫星在估算地表蓄水量上也存在着一些问题。由于 GRACE 重力卫星提供的是月尺度重力场数据,并且卫星时变重力场的空间分辨率较低,只能确定上千千米及以上尺度区域的水储量变化,其探测信号对小区域或流域并不敏感。Klees 通过比较总结认为,对于面积在百万平方千米以上的大型江河流域而言,基于 GRACE 的蓄水量反演精度大致为 2cm 等效水深。

综上所述,卫星遥感反演陆地蓄水量的方法研究目前还不成熟,但表现出良好的发展势头。从目前情况来看,对于水量平衡法,由于陆地降水和蒸散的遥感反演精度尚存在很大的不确定性,在一定程度上阻碍了该方法的推广使用。对于水域面积—水位法,由于精确水下 DEM 获取困难,因此很难准确估算出特定区域的绝对蓄水量。另外,雷达高度计主要应用于测量水面高程,而陆地蓄水量的准确估算要求对水域面积和水位进行同步观测,但是目前对水域面积和水位的同步获取尚有待加强,这将有望寄托于多传感器联合遥感反演技术,以及计划 2020 年由美国航空航天局(NASA)和法国国家太空研究中心(CNES)共同发射的地表水体海洋地形 SWOT 宽刈幅微波测高计(NASA,2010)。对于重力卫星而言,目前重力卫星传感器的空间分辨率一般较低,所以其应用主要限于大的流域。GRACE 卫星在轨道为 500km 时,仅对面积大于 200000km^2 的水体才能识别,其探测信号对小流域并不敏感;由于时间分辨率一般也较低

（月尺度），往往无法探测到短期的水文过程，例如洪水事件等。在某些洪水事件中，大的江河湖泊的蓄水量可能在数日之内便发生巨大的变化。下一代 GRACE.Follow－on 重力卫星将具有更高的空间分辨率和时间分辨率，有望进一步改善目前的这种局限性。无论如何，随着卫星遥感技术的进步和发展，遥感反演陆地蓄水量的研究将会有着更为广阔的发展前景。

第三章　土壤水分、冰雪与降水遥感

第一节　土壤水分遥感

土壤水分是指保持在土壤孔隙中的水分,其主要形式是液态水,在高寒地区冻土中则主要以固态水形式存在。土壤水分是地球水循环的基本组成部分之一,其主要来源是大气降水、人工灌溉、近地面水汽凝结、地下水位上升等,是地表水与大气水和地下水之间联系的关键纽带,并通过调节地表和地下径流的形成及改变地表水汽通量的变化等方式,影响地球陆地水循环以及大气的运动变化过程,对于陆地水资源的形成与转化、地表植物的生长与发育等具有重要的意义。

在地球水循环诸变量中,土壤水分属于存储量,不同于降水和蒸散等通量。由于土壤类型与结构无论在水平方向还是在垂直方向都具有高度的空间异质性,土壤水分也表现出空间变异性。在历史上很长一段时间里,人们主要采取点位方式测量土壤水分,例如烘干称重法和时域反射(TDR)法等。利用这些方法,可精确获得某点位上不同深度的土壤水分含量,但是其代表范围十分有限,更难于测量大范围和全球性的土壤水分分布。相对于传统测量方法,卫星遥感技术以其空间连续性特点,为获取大范围的土壤水分信息提供了有效手段,基于可见光—近红外、热红外及微波遥感等的土壤水分反演方法逐渐发展起来,并在农业、生态、环境与资源等领域得到了广泛应用。

本章首先介绍土壤水分的物理特性,包括土壤水分的存在形式、运动方式、度量指标以及土壤水分与电磁波的相互作用特性,阐述土壤水分遥感探测的物理基础。其次,简述可见光—近红外、热红外、被动微波、主动微波及多传感器联合的基本原理和主要方法。然后,简要介绍土壤水分的地面测量方法及遥感反演土壤水分的精度检验方法。最后,介绍目前已有的全球土壤水分数据产品,结合实际应用案例,分别从区域尺度和全球尺度体现土壤水分产品的应用价值和潜力。

运用卫星遥感手段对土壤水分的时空分布进行精准测量,是定量遥感研究的难点问题之一。按照遥感测量手段的不同,可将土壤水分遥感分为光学遥感、被动微波和主动微波三大类。其中,光学遥感主要利用土壤表面的光谱反射特性、表面发射率及表面温度来估算土壤水分,其特点是空间分辨率高,可供选择的卫星传感器多,并可提供高光谱数据。被动微波基于土壤微波辐射与土壤水分之间的相关特性,利用微波辐射计对土壤本身的微波发射或亮温进行测量,依据微波辐射传输方程反演土壤水分,其特点是能透过植被,且能全天候测量。主动微波则依据微波辐射传输方程和雷达方程,建立雷达后向散射系数与土壤节点常数之间的关系,从而反演土壤水分,其特点是空间分辨率高、能透过植被、穿透一定深度的地表,且能进行全天候的对地测量。

自 20 世纪 70 年代以来,人们针对各类传感器研发的土壤水分反演算法已达上百种。在这些算法中,既有经验模型法、半经验模型法,也有基于物理原理的算法;既有基于单一传感器的算法,也有多传感器联合反演算法。本节从可见光—近红外遥感、热红外遥感、被动微波、主动微波、多传感器联合反演等 5 个方面,简述星载传感器土壤水分反演算法的主要原理和方法。

一、可见光—近红外遥感方法

利用可见光—近红外遥感反演土壤水分的基本原理是同类土壤在不同含水量情况下,其光谱的反射特性具有明显的差异。一般而言,干燥土壤的反射率较高,而同类的湿润土壤的反射率相对较低。因此,可见光—近红外遥感通常利用这一波段对土壤水分的敏感性,构建单波段或多波段的遥感指数,并建立与土壤水分含量之间的统计关系模型,从而获得大范围的土壤水分分布情况。

可见光－近红外遥感数据记录的是地表对太阳辐射能的反射辐射值。对于卫星遥感而言,由于可见光－近红外波段易于受到大气散射作用的干扰,同时传感器成像还受到太阳高度角和卫星观测角等因素的影响,因此在利用这类数据进行土壤水分反演时,需要考虑大气和时相因素的作用。例如,使用辐射校正方法对遥感数据进行校正,或者将遥感数据转换为地表反射率。然后,再与地表土壤水分含量之间建立相应的统计关系,以反映土壤水分。

辐射校正方法很多,一般可分为绝对校正和相对校正两大类。绝对校正方法通过建立辐射传输模型,将遥感观测得到的像元值转换成物理量,以消除非地表因素的影响。相对校正方法是以某一遥感影像为参考基准,建立参考影像与目标影像之间的统计关系,以此对多时相遥感影像进行归一化处理。其中,前者以 6S(Second Simulation of the Satellite Signalin the Solar Spectrum)和 MODTRAN(Moderate. resolution. TRAN. smittance. code)等为代表,后者以伪不变物体归一法、黑集－亮集归一法和多元线性回归法等为代表。在有关光学遥感的教科书中,都可以找到这些方法的详细介绍,这里不再赘述。

根据不同含水量土壤对可见光－近红外波段的反射特性,人们提出了多种遥感指数,用于反演土壤水分含量,如垂直干旱指数法、植被状态指数法和植被距平指数法等。

(一)垂直干旱指数法

Richardson 和 Wiegand 提出了垂直植被指数(Perpendicular. Vegetation. Index,PVI)。该方法利用 Landsat. MSS 影像的红光和近红外波段灰度值,建立 NIR－Red 二维空间,如图 3－1 所示。其中,从 A 点向 D 点表示植被覆盖度逐渐降低,而从 B 点到 C 点表示土壤含水量由湿向干变化。由此可见,地表的光谱特征与地表覆盖和土壤水分存在着复杂而又密切的关系。Ghulam 等在此基础上提出了垂直干旱指数(perpendicular. drought. Index,PDI)反映土壤水分状况,主要思路是经过原点建立

AD的平行线L,根据该空间中任一点到L的垂直距离,来反映植被覆盖与土壤水分的分布。

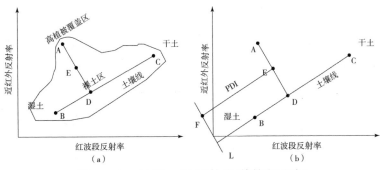

图3-1　红光-近红外光谱特征空间

　　Qin等检验了PDI在中尺度上的应用效果,发现该指数与0~20cm土壤水分具有较强的相关性,R^2最高可达0.48。PDI指数未考虑地表植被等信息,从而对干旱监测结果导致较强的不确定性。Ghulam等发现PDI指数在裸地精度较高,而在植被覆盖区较差。为解决这一问题,Ghulam等在PDI的基础上,通过引入植被覆盖(Vegetation. Fraction)因子,提出了MPDI(Modified. perpendicular. Drought. Index)。

(二)植被状态指数法

　　Kogan提出了植被状态指数(Vegetation. Condition. Index,VCI)。该指数由归一化植被指数(NDVI)转化而来。由于土壤水分直接关系到农作物生长情况,VCI常用于反映作物生长期的干旱状态,并具有较高的可信度。由于目前干旱标准尚未统一,一般通过建立VCI与实测土壤水分含量之间的统计关系模型,直接用VCI来表达旱情等级,评价区域性缺水或干旱情况。VCI最主要的问题在于其计算取决于植被覆盖状况,因而一般只应用于植物生长季节,而在植被枯萎的冬季,其应用效果显著降低。

(三)植被距平指数法

　　作物旱情和土壤湿度的关系极为密切,土壤墒情较低时作物得不到所需水分,作物生长就受到干旱胁迫,距平植被指数就是从植被生长的角度研究土壤水分供应情况。研究表明,距平植被指数可以反映作物干旱,距平植被指数的负值与降水距平负值一致,可反映当年作物生长季土壤水分的缺乏及土壤供水状况的动态变化情况。距平植被指数在一定程度上可以减少太阳高度角、大气状态和非星下点观测带来的误差。遥感数据的时间系列越长,植被指数平均值的代表性就越好,但平水期、枯水期和丰水期等不同时期的代表性具有一定差异。此外,距平植被指数监测旱情在时间上有一定滞后,在应用时还应注意有无其他自然灾害与云的影响。

二、热红外遥感方法

可见光—近红外遥感主要测量地面物体直接反射的太阳辐射能量,对天气状况要求较高,一般仅限于白天使用。热红外遥感则主要通过感应地面物体的辐射能量来获取相关信息,因而不受日照条件限制,可以在白天和夜间成像。由于热红外遥感对地表水分信息的反应敏感,因而成为土壤水分遥感检测的一种手段。

热红外遥感监测土壤水分主要依赖于土壤表面发射率和地面温度。在一定范围内,地面温度的空间分布能间接地反映土壤水分的分布,即下垫面温度越高,土壤含水量越少;下垫面温度越低,土壤含水量越高。利用地面温度及其变化特征,建立与土壤水分之间的关系,是热红外遥感的主要方式。既有单独使用温度反演土壤水分的方法(例如热惯量法),也有将温度信息与其他波段信息进行组合的联合反演(例如地面温度—植被指数法)。这里简述热惯量法,这种方法主要适用于裸土或低植被覆盖区。

热惯量是物质热特性的一种综合量度。热惯量反映了物质与周围环境能量交换的能力,即反映物质阻止热变化的能力;高热惯量的物质对温度的变化阻力较大,反之亦然。在自然条件下,不同物质的热惯量存在很大差异,热惯量大的地物,昼夜温差小。由于土壤密度、热传导率、热容量等特性的变化,在一定条件下主要取决于土壤含水量的变化,因此土壤热惯量与土壤含水量之间存在一定的相关性。

根据地表热量平衡方程和热传导方程,进行适当简化,在计算热惯量的基础上,可运用线性回归方法建立热惯量与土壤水分含量之间的统计关系,进而估算大面积的土壤水分。此方法简便易行,主要应用于裸土或低植被覆盖区。

三、被动微波遥感方法

星载被动微波传感器接收来自星下方的微波辐射。微波波段辐射传输方程式,传感器下方的微波辐射包括大气自身的上行辐射、大气自身下行辐射经地表反射的辐射,以及地表自身的上行辐射。在土壤水分的被动微波遥感中,即使在有云的情况下,结合基尔霍夫热辐射定律,在自然条件下,地表既可能是粗糙的,也可能是光滑的。此外,地表反射率还与土壤的纹理结构等属性也有一定关系。

在土壤表面被植被覆盖的情况下,植被冠层会削减土壤的微波辐射。植被冠层对地表微波辐射的影响,可通过简化植被冠层的辐射传输方程,得到一阶近似解。该模型采用植被光学厚度(τ)以及单次散射反照率(o)分别表示植被的衰减作用以及散射作用。可见,地表亮温由三部分组成,即来自植被的辐射、土壤辐射及被冠层削弱的植被辐射、被冠层削弱的土壤辐射。Jackson 和 Schmugge 研究发现,其中与植被类型有关,这一特性可用于植被水分含量反演。

在自然常温条件下,微波波段的土壤比辐射率一般变化范围为 $0.6 \sim 0.95$,分别对应于湿土(体积含水量约 30%)和干土(体积含水量约 8%)之间的变化。利用这一特性,可以发展微波波段的土壤水分反演方法。对于利用被动微波遥感方式监测土壤水分,主要依赖于微波辐射计对土壤本身的微波辐射或亮温进行测量。土壤亮温除了受地表土壤水分的影响之外,还受到植被、雪的覆盖、地形以及地表粗糙度等因素的影响,因此被动微波的土壤水分反演较为复杂,反演方法多种多样。可以按照不同的分类标准,对现有的土壤水分反演方法进行分类。按照反演所用的数学方法,可分为数理统计算法、正向模型反演算法和神经网络反演算法。也可根据是否存在植被覆盖,分为裸土的反演方法和有植被条件的反演方法;还可以按照待反演变量的数目,分为单值反演和多值反演方法。例如,同时反演土壤水分和植被光学厚度的二值方法,以及同时反演土壤水分、植被光学厚度和地面温度的三值方法等。综合考虑被动微波土壤水分反演方法的发展历史及反演算法被使用的普遍性程度,这里简要介绍统计回归算法、单通道算法、AMSR－E 算法和 SMOS 算法等 4 类方法。

(一)统计回归算法

对于裸土而言,微波地表发射率只与地表粗糙度和土壤水分含量相关,当地表粗糙度随时间的变化可忽略时,其发射率与土壤水分含量近似呈线性关系,该统计关系还受微波波段频率、土壤质地等因素的影响。因此,在实际应用中,通常需要根据地面观测数据,建立回归方程获取对应的模型系数。

植被对亮度温度 $T\beta$、土壤水分具有显著的影响,进而影响了地表微波发射率与土壤水分之间的关系。研究表明,当土壤水分含量在 $0.1\sim$ $0.3\mathrm{m}^3/\mathrm{m}^3$ 范围内变化时,其与 T_g 存在较好的线性关系,从而可利用该关系计算土壤水分。Wang 等对比分析了在 $40°$ 入射角下,不同植被类型在 $1.4\mathrm{GHz}$(裸土、10cm 和 30cm 草地)和 $5\mathrm{GHz}$(大豆和玉米)微波辐射中归一化亮度温度与土壤水分的关系。结果发现,两者具有较强的线性关系($R^2\approx0.7$)。此外,植被覆盖区的回归斜率相对于裸土有所降低。研究人员还发现土壤水分与 T_g 的关系随微波频率与入射率的变化而呈现显著差异。为定量表达植被对土壤水分统计回归模型的影响,Jackson 等探讨了植被覆盖从 $60\%\sim100\%$ 时对微波遥感反演土壤水分的影响,发现在中度覆盖的条件下,土壤水分的反演误差可小于 5%。

(二)单通道算法

单通道算法(single. channel. algorithm,SCA)利用受土壤水分最敏感的单一频率/极化通道数据反演土壤水分,并通过其他辅助数据最终校正反演结果。假设单次散射反照率 o＝0,并假设微波传感器接收到的亮度温度等,对于光滑地表,其反射率可进一步简化,可建立光滑地表反射率与介电常数的关系,根据所获取的介电常数,可计算土壤水分。SCA算法已成功应用于 NASAL2A 亮温数据。目前,研究人员利用 AMSR－EX 波段水平极化和 JAXA 亮温数据等也已开展了相关研究。

(三)AMSR－E 算法

AMSR－E 算法是由 Njoku 和 Li 提出,该方法利用 C、X 和 Ka 三个波段,根据微波亮温 Tg 与土壤水分之间的关系,采用迭代方法同时计算土壤水分、植被含水量和地面温度 3 个参数。随后,Njoku 和 Chan 将地形与植被因子合并为一个综合变量,进一步发展了归一化极化差异指数算法(Normalized. Polarization. Difference. Algorithm,NPDA)。该算法首先将地形与植被因子合并为一个综合变量,消减地面温度对反演结果的影响,采用极化率(MPDI)代替单一通道的亮温,在 NPDA 算法基础上,Owe 等根据建立 MPDI 与 tc 的经验方程,提出了地表参数反演模型方法。在此基础上,采用非线性迭代的 Brent。AMSR－E 的 NPDA、LPRM 和 UMT3 种方法均基于 r－o 模型,其中 NPDA 算法通过引入基准值的概念,利用多个通道同时反演土壤水分、地面温度和植被含水量 3 个参数,可有效提高算法的收敛速度,但由于不同频率所探测参数的深度不同,在全球应用中采用多波段方法稳定性较差。此外,数据对高植被覆盖及降水的敏感性较强。LPRM 和 UMT 算法无需植被生物量等先验知识,可以应用于任何包含土壤水分信息的频率,但地表粗糙度假设单一,难以应用于地形较复杂区域;计算植被光学厚度的经验参数通过特定区域的试验数据获得,对于其他区域存在较大的不确定性。

(四)SMOS 算法

该算法针对 SMOS 卫星上搭载的 L 波段(1.42GHz)合成孔径微波成像仪数据,采用最优化的迭代算法,选择最佳的土壤水分及植被参数结合,使模拟与实测亮温(Tg)之间相差最小。Wigneron 等首先探讨了利用 SMOS 二维微波干涉仪反演地表参数(土壤水分、植被生物量及地面温度)的可行性,结果发现利用二维综合孔径原理,可有效反演多个地表参数,其反演能力取决于传感器的多视角构造。Pellarin 等和 Wigneron 等在此基础上,提出了用于反演全球地表参数(土壤水分、植被光学厚度和地面温度)的 L 波段生物圈发射(L—band. Microwave. Emission. of. Biosphere,L—MEB)模型。该模型根据地表覆盖情况,将传感器探测到的像元亮温(Tg)分解为不同地表类型的加权平均形式:Tg=fa・T,B+fr・Ta,p+fn・Tg,H+fw・Ta,w 式中,fg、fr、fa 和 fw 分别是混合像元内裸土、森林、草地和水体的覆盖度;TBB、TBF、TB 和 TBW 分别为对应地表类型的亮温。根据 r—o 模型,地表亮度温度是关于土壤水分、植被光学厚度和地面温度的函数。构建 Tg 模拟和实测结果的成本函数(Cost. Function,CF),通过迭代运算,选取不同的地表参数组合,使得 CF 最小,即可获取最优的地表参数。

在上述研究的基础上,Kerr 等最终提出了 SMOS 土壤水分的反演算法,它根据不同地表类型的辐射传输模型,获取综合的像元亮度温度,最终采用迭代算法,获取最优的参数组合。SMOS 土壤水分算法充分地考虑了不同地表类型对像元亮度温度的影响,通过迭代运算获取最佳的地表参数组合,土壤水分反演精度相对高,平均均方根误差为 $0.04cm^3/cm^3$,在植被覆盖较少的非洲与澳大利亚等地区,其精度更高,RMSE 可小于 $0.02cm^3/cm^3$。然而,受地形、植被和人工无线电频率等因素的影响,SMOS 土壤水分在亚洲、欧洲和美洲等地区的精度相对较差,成为未来 SMOS 算法改进的一个重要方向。

四、主动微波遥感方法

主动微波(雷达)遥感是利用雷达发射微波波束,经地物反射后,接收地物反射回来的信号,来分析地物的特性。与被动微波相比,雷达观测技术不但可以覆盖一定的区域,而且雷达影像具有较高的空间分辨率,可达到米级。最常见的雷达成像系统是合成孔径雷达 SAR。对于具有多波段、多极化的 SAR 成像系统,可以获得多个波段雷达的回波响应及线性极化状态下同极化与交叉极化的丰富信息,因此可更准确地探测地表目标的特性。

与主动微波辐射相比,地表自身的微波辐射信号很弱,因此雷达影像主要取决于后向散射。对于同一波段、同一极化方式、同一观测角度的SAR 成像系统而言,在相同的土壤类型及地表特征条件下,不同含水量的土壤会导致不同的雷达后向散射,即后向散射系数可以表示为土壤水分和地表粗糙度等因素的函数,这是土壤水分雷达遥感的物理基础。

早期关于地表散射特性的描述多限于经验性的统计关系。在辐射传输方程的基础上,针对土壤对微波的辐射和散射特性,逐渐发展起来诸多的土壤电磁散射模型。其中,高级积分方程模型(Advanced. Integral. Equation. Model,AIEM)是目前在物理机制上最为完善的模型,这是积分方程模型(Integral. Equation. Model,IEM)的改进版本。1992 年,美国科学家 Fung 等在电磁波辐射传输方程的基础上,提出了 IEM 模型。此模型将微波散射分为单次散射项和多次散射项两个部分,其中,同极化的后项散射以单次散射贡献为主,交叉极化的后项散射以多次散射的贡献为主。作为由电磁波辐射传输方程发展而来的地表散射模型,IEM 模型能够在一个较宽的地表粗糙度范围内反映地表的后向散射情况。早期发展的几何光学模型(Geometrical. Optics. Model,GOM)、物理光学模型(Physical. Optics. Model,POM)和小扰动模型(Small. Perturbation. Model,SPM)都可归纳为这一模型的特例情况。概括而言,几何光学模型(GOM)适用于非常粗糙的表面,物理光学模型(POM)适用于中等粗糙的表面,而小扰动模型(SPM)适用于较为平滑和具有较小相关长度的表面。然而,在 IEM 模型中,对于反映地表粗糙度特性之一的表面相关函数,采用了指数功率谱来反映光滑地表情况,采用了高斯功率谱来反映粗糙地表情况,模型模拟结果与自然地表之间仍然存在一定的差异。另外,当地表由平滑面向粗糙面过渡时,菲涅尔反射系数也随之发生变化,IEM 所采用的菲涅尔公式在 0°入射角存在不连续问题。为解决这两个问题,AIEM 模型利用谱密度功率谱来统合指数功率谱和高斯功率谱,采用计算菲涅耳反射系数的连续模型，对 IEM 进行了改进。经过不断的改进和完善，AIEM 模型的模拟精度也得以不断提高，并在微波地表散射模拟与分析研究中得到了广泛的应用。

对于有植被覆盖的地表而言，地表的雷达后向散射包括 3 个部分，即裸土的后向散射、植被冠层的后向散射以及植被与地表之间的多次散射。后向散射系数与土壤水分和植被覆盖之间的关系，可以用简单的指数模型来描述，例如，水－云模型；也可以用复杂的植被辐射传输模型来描述。目前用于研究微波植被散射特性最为广泛的理论模型，当属密歇根微波植被散射模型（Michigan. Microwave. Canopy. Scattering. Model，MIMICS），它是由美国科学家 Ulaby 等领导的研究小组于 20 世纪 90 年代提出的。该模型根据微波散射特性，将有植被覆盖的地表分为三个部分，即植被冠层，包括不同大小、朝向、形状的枝条和叶片；植被茎秆部分，用介电圆柱体表示；植被下垫面的粗糙地表，用土壤介电特性和随机地表粗糙度表示。将植被覆盖地表的微波后向散射，分为五个部分，包括下垫面地表—植被—下垫面地表相互耦合作用的后向散射部分，植被层—下垫面地表和下垫面地表—植被层相互耦合的作用的后向散射部分，植被直接后向散射部分，经过植被冠层衰减的杆层—地表和地表—杆层二面角反射部分，以及经过植被层双程衰减的下垫面地表的直接后向散射部分。

MIMICS 模型的优点是对植被结构刻画得较为详细，能够较为真实地模拟植被覆盖地表的微波后向散射。由于 MIMICS 模型对植被覆盖下的地表假设为镜面反射，使用的是 Kirchhoff 模型（几何光学模型和物理光学模型）以及小扰动模型（SPM）等土壤散射模型，这些模型适用的地表条件范围较小，不能反映大部分自然地表状况。另外，MIMICS 模型是针对森林等高大植被覆盖地表建立的，其输入参数复杂庞多，在应用于农业区等矮小植被覆盖地表时，由于植被径杆和植被冠层没有明显区别，在实际应用时模型则显得庞大而难于使用，因此在应用中往往予以简化。

在土壤水分的雷达反演算法中，准确地了解植被冠层的影响非常重要，必须合理利用植被散射模型，定量分析植被对微波信号的影响，并定

量消减植被因素的影响。当然,除了植被自身的影响因素外,植被对微波
后向散射的影响程度还受频率、极化方式和入射角等系统参数的影响。
在地表的总后向散射中,在高频波段(C、X 波段),植被冠层的后向散射
起主要作用;在低频波段(P、L 波段),植被干枝和地面的后向散射起主要
作用。对于不同的极化方式,HV 极化和 HH 极化对植被信息敏感,能反
映更为丰富的地表信息。对于入射角而言,大入射角情况下的后向散射
系数主要反映的是植被层顶部状况;而小入射角可以反映植被底层甚至
地表以下信息,更适合土壤水分反演。这里参照 Barrett 等的分类方法,
将现有的土壤水分的雷达反演方法分为经验、半经验和理论模型 3 类。

(一)经验模型

经验模型一般是对观测到的数据进行经验性的相关统计分析,具有
较强的实用价值。经验模型多是通过实际观测值,建立后向散射系数与
一定土壤深度的土壤含水量之间的线性回归关系,在获得足够实测数据
的情况下,也可以建立后向散射系数与土壤水分的非线性通过回归模型。

在经验模型发展之初,主要是建立后向散射系数与土壤含水量之间
的联系。在有植被覆盖的条件下,可建立简单的线性或指数模型。Puri
等利用 TRMM 的降水雷达数据反演土壤水分。对于裸露地表或低植被
覆盖的地表,直接建立雷达后向散射系数与土壤含水量之间的经验方程;
对于中高植被覆盖地表(作物或森林),建立了雷达后向散射系数与土壤
含水量和 NDVI 间的经验方程。结果表明,裸露地表及低植被覆盖地表
的反演绝对误差小于 8%,而中高植被覆盖地表的反演精度会下降,绝对
误差超过 10%。

雷达后向散射系数以幂律关系随着生物量的增加而增加,这是建立
经验模型的理论基础。当地表植被的生物量到达一定阈值后,散射系数
将不再会随着植被生物量的增加而增加,即对植被失去敏感性,阈值的大
小因不同的植被类型和微波频率而异。这说明在植被覆盖的条件下,当
植被覆盖率较高时,直接将散射系数与植被生物量建立关系将变得不可
靠,土壤水分的提取也更为困难。

经验模型的建立和使用相对较易,在缺乏物理模型或物理模型的参数要求过于复杂时,经验模型往往可以获取较为有效的反演结果。由于经验模型是根据大量重复的遥感信息和相应地面实况的统计结果所建立的统计模型,在时间和空间上受到很大的限制,在很大程度上模型的反演结果依赖于所获取数据的质量,因此模型的可移植性差。

(二)半经验模型

在经验模型中,模型参数往往随条件而变化,因此具有很大的局限性。而作为正演模型的数学物理模型虽然具有较为完善的物理机制,但是模型结构往往十分复杂,并涉及众多的输入参数,这些参数的数据也并非能轻易获取。在正演物理模型用于反演时,模型的求解过程会变得十分烦琐而易于导致较大的反演误差。半经验模型介于物理模型和经验模型之间,具有一定的物理基础,在用于反演时其求解过程也相对简单,甚至可以得到解析解。另外,由于自然界变化影响因素众多,可以在一定时空尺度上,假定变化因素具有随机性,采用随机统计模型方法,对复杂的物理模型加以简化。用于反演土壤水分的半经验模型很多,下面对使用较为广泛的 Oh 模型、Dubois 模型和 Shi 模型加以简述。

Oh 等利用 1.5GHz(L 波段)、4.75GHz(C 波段)和 9.5GHz(X 波段)的雷达,获取了田间试验的雷达后向散射系数、土壤含水量和地表粗糙度等田间试验数据,在辐射传输理论模型的基础上,建立了土壤水分与后向散射系数之间的半经验模型,称为 Oh 模型。利用迭代方法可计算得出土壤水分。Oh 模型对于地表粗糙度适用的范围较宽,在归一化均方根高度 ks 为 0.1～0.6 和相关长度 kl 为 2.6～19.7 的范围内,模型预测值和实际观测值能取得较为一致的结果。2004 年,Oh 进一步发展了这一模型,仅使用地表均方根高度来表示地表粗糙度,因此在应用多极化雷达数据来计算土壤水分时更为简洁。

Dubois 等利用 Oh 等和 Wegmuller 的地面散射计测量数据,通过分析全极化后向散射计的测量值,Dubois 等分别得到了两种同极化后向散射系统与地表介电常数、地表粗糙度均方根高度之间的经验关系。在粗糙度较大的地表条件下,Dubois 模型预测的 hh 极化后向散射系统较 vw 极化大,该结果与理论模型预测及 SAR 观测值都相反,因此该模型在 ks>2.5 时不再适用。

Oh 模型和 Dubois 模型的主要缺陷在于没有考虑与表面粗糙度相关密切的表面功率谱,导致其在粗糙表面的反演值与其他表面后向散射理论的模型预测值都不一致。针对这一问题,Shi 等在积分方程模型(IEM)的基础上,提出了 Shi 模型。该模型通过模拟不同表面粗糙度和土壤体积含水量条件下表面后向散射特性,建立 L 波段不同极化组合后向散射系数与介电常数和地表粗糙度功率谱之间的相关关系。

由于模型考虑了粗糙度谱对后向散射系数的影响,因而在实际应用中往往可以取得较好的结果,反演出的土壤水分均方根误差为 3.4%。此外,Shi 模型是针对裸露地表条件建立的,但也适用于稀疏到中等密度的地表植被覆盖条件。

在有植被覆盖条件下,土壤水分的后向散射过程受植被覆盖的影响。在辐射传输模型基础之上,Attema 和 Ulaby 提出了植被覆盖下估算土壤水分的水云模型。该模型使用参数少,而且这些参数具有一定的物理意义,并可通过实测数据来确定。模型假定为水平均匀的云层,土壤表层与植被顶端之间分布着均匀的水粒子;不考虑植被和土壤表层之间的多次散射;模型变量仅包括植被光学厚度、植被含水量和土壤含水量。由于该模型简单实用,在有植被覆盖区域的土壤水分反演中得到了广泛应用。

(三)物理模型

物理模型一般是基于随机粗糙地表的后向散射理论,不受地点约束,适用于不同的传感器参数,同时考虑到了不同地表参数对后向散射的影响,因此相比经验模型而言具有更高的可信度。前面提到的几何光学模型、物理光学模型、小扰动模型、积分方程模型和 MIMICS 模型等,都属于这类理论模型。可以看出,理论模型的表达形式非常复杂,一般难以给出土壤水分的解析解,故难以直接用于土壤水分的遥感反演。由于土壤水分等地表参数与雷达后向散射系数之间的关系极为复杂,运用理论模型可以模拟各种不同土壤水分条件下的雷达后向散射系数,进而建立反演土壤水分的经验、半经验模型。

另一方面,也可以结合贝叶斯方法、查找表、神经网络、最优逼近法等统计学方法,通过逆向求解复杂的后向散射模型,获得地表土壤水分。使用这类方法的前提条件是已经建立了物理模型,在实际情况下使用这种方法并不多见。Santi 等比较了贝叶斯、神经网络以及内尔德—米德最小化方法,发现它们均能得到满意的结果,其中内尔德—米德最小化方法的反演值稍许高估。Paloscia 等同样也比较了这 3 种方法,发现它们的反演值和地表实测值很接近,其中神经网络在精确度和计算效率上优势明显。

五、多传感器联合方法

大量的对比研究表明,在反演土壤水分方面,主动微波算法的精度普遍高于光学遥感算法和被动微波算法,但对地表粗糙度和植被敏感。光学传感器具有较高的空间分辨率或时间分辨率,在监测土壤水分连续变化方面具有优势,但受到天气条件的局限,并只能得到土壤水分的相对值。被动微波传感器具有较高的时间分辨率,像 Aqua/AMSR－E、SMOS/MIRAS 能提供每天的土壤水分数据,且对地表粗糙度和植被的敏感度没有主动微波传感器高,但其空间分辨率较低,大多超过 10km。综合光学、被动微波和主动微波的各自优势,发展多传感器的联合反演算法是获取高精度、高时空分辨率数据产品的有效途径。

(一)主动、被动微波联合

主被动微波联系反演土壤水分主要有 3 种方法:①利用主动和被动微波数据与土壤水分等地表参数的关系,分别构建前向模型反演土壤水分;②利用主动微波数据获取地表粗糙度或植被参数,然后将获取的参数代入被动模型中进行土壤水分反演;③利用数学方法对主被动数据进行结合的反演土壤水分。开展主动、被动微波联合反演,所使用的非同源遥感数据既可以来自同一搭载平台的不同传感器,也可来自不同的搭载平台。来自同一搭载平台的不同传感器数据,容易获得同一地区、同一观测时间的非同源数据,有利于协同反演。

由于微波发射或接收频率、极化方式以及入射角等参数的原因,来自相同搭载平台的微波数据并不一定适合所有情况的土壤水分反演,有时需要来自不同搭载平台的主动和被动微波数据。Zribi 等结合 ERS 卫星的多角度、高时间分辨率的风散射计(WSC)和高空间分辨率的 SAR 数据,反演低植被覆盖地表的土壤水分,把 WSC 后向散射信号看作植被和裸土后向散射信号的加权平均值,对植被散射部分通过 SAR 数据定量反演,然后从 WSC 散射信号中去除植被散射部分,并通过 IEM 模型反演土壤水分,其结果与地表实测数据高度相关,均方根误差小于 4%。Das 等利用机载的被动与主动 L 波段系统(airborne. Pass Ⅳ e. and. Act Ⅳ e. L—band. System,PALS)联合反演了土壤水分,反演结果的均方根误差为 $0.015\sim0.02cm^3/cm^3$。对于有植被覆盖的地表,O"Neill 等利用 L 波段雷达数据,利用植被散射模型,计算了植被的透射率和散射系数;在此基础上,利用 L 波段 PBMR 和 ESTAR 微波辐射计的被动微波数据,反演了玉米地的土壤水分,反演结果的平均绝对误差为 $0.02cm^3/cm^3$。

(二)主动微波与光学遥感联合

许多研究致力于联合主动微波 SAR 数据和光学遥感数据反演土壤水分。Yang 等利用 Radarsat. Scan. SAR 数据,基于高级积分方程模型(AIEM),提出了一个半经验的后向散射模型,并且利用半经验植被模型以及 Landsat. TM 和 NOAAAVHRR 数据,消除了植被的影响,土壤水分反演结果与地面实测值之间的均方根误差为 $0.011cm^3/cm^3$。周鹏等在光学影像数据的基础上,利用归一化差分水分指数(NDMI)确定研究区的植被含水量,应用多极化星载雷达数据结合微波散射的水云模型,去除了植被层的影响,从总的后向散射系数中分离植被散射和吸收的贡献,得到裸土的后向散射系数,并建立与土壤重量含水量之间的关系,从而获得干旱区绿洲植被覆盖地表的土壤水分。结果表明,利用 C 波段 HH 极化雷达影像数据结合光学影像数据,进行棉花、玉米等农作物种植区的地表土壤水分反演时,在中等覆盖条件下去除植被影响有较好的效果。余凡和赵英时提出一种 ASAR 数据和 TM 数据协同反演植被覆盖土壤水分的半经验耦合模型,该模型在微波模型的基础上,对描述植被层散射的关键参数 LAI 采用 PROSAIL 光学模型来反演,实现了微波和光学模型的耦合。实测数据表明,新耦合模型较 MIMICS 模型单独反演结果有明显提高,反演值与实测值之间的平均相对误差从 22.7% 减小到 10.4%,均方根误差从 $0.068g/cm^3$ 减小到 $0.031g/cm^3$。

(三)被动微波与光学遥感联合

被动微波所反演土壤水分的空间分辨率为数 10km,因此不少研究致力于发挥光学遥感高空间分辨率的数据优势,以反演获得具有更高空间分辨率的土壤水分数据。MerLin 等提出了一种降尺度算法,建立了 PLMR 被动微波土壤水分数据和基于 MODIS 反演的土壤蒸发之间的非线性关系,结果表明 PLMR 被动微波土壤水分数据和土壤蒸发间的相关系数达到 0.9,均方根误差为 $0.012cm^3/cm^3$。Temimi 等联合 AMSR-E 被动微波数据、MODIS 数据和 DEM 数据,对加拿大西北部麦肯齐河盆地北部的亚大巴斯卡河三角洲的土壤水分进行反演,反演的土壤水分指数与观测到的降水之间存在良好的相关性,2003 年的相关系数为 0.7,2002 年为 0.69。Chauhan 首先利用简化的辐射传输模型和 SSM/I 数据,反演了美国俄克拉荷马州南部大平原 1997 年 6~7 月份、空间分辨率为 25km 的土壤水分,然后利用 AVHRR 数据得到空间分辨率为 1km 的 NDVI、地表反照率以及地面温度,通过建立 25km 土壤水分数据与 1kmNDVI、地面反照率、地面温度的关系,得到空间分辨率为 1km 的土壤水分,总体误差小于 5%,在裸露光滑地表上的误差则更小。

(四)光学与主被动微波遥感三者联合

由于光学、被动微波和主动微波在对地观测上各自具有独特的优势,因此将三者进行有机的结合,也是土壤水分遥感反演的必然发展趋势。针对 L 波段微波辐射计空间分辨率低的问题,Narayan 等结合 AIRSARL 波段多极化 SAR 后向散射系数以及 Landsat-5TM7 数据,利用降尺度方法,获得高空间分辨率的土壤水分,与地面实测土壤水分数据之间的均方根误差为 4.8%～7.4%。李震等采用一个半经验模型来计算体散射项,综合时间序列的主动和被动微波数据,以消除植被覆盖的影响,并估算地表土壤水分的变化状况;应用 1997 年美国 SGP'97 综合实验中的 800m 分辨率机载辐射计数据计算表面反射系数,由 Radarsat 的 SCAN－SAR 数据得到体散射项;然后,由 NOAA/AVHRR 和 Landsat－5TM 数据计算得到 NDVI 值,通过加权分配 50m 分辨率的体散射项,最后计算 50m 分辨率表面反射系数的变化值,从而得到土壤水分的变化情况,计算结果与实测值一致。

　　目前微波反演土壤水分的主要波段为 C 波段和 L 波段,其中 L 波段是土壤水分反演的最佳波段,特别对于植被覆盖地区,但这两个波段容易受到人工无线电频率干扰(RFI),从而导致土壤水分估值偏高,因此不少研究工作致力于过滤 RFI 的信号干扰。在现有的星载主动微波传感器中,用于土壤水分反演最多的包括 Envisat. ASAR、ERSSAR、Radarsat 等,这些传感器大多处于 C 波段。L 波段星载主动微波传感器 ALOS-PALSAR 于 2011 年因故障停止工作。土壤水分主动被动卫星 SMAP 于 2008 年开始研制,2015 年 1 月底发射升空。SMAP 卫星搭载有一个 L 波段雷达传感器(频率 1.26GHz,极化方式 HH、VV、HV)以及一个 L 波段微波辐射计(频率 1.41GHz,极化方式 H、V、U),前者提供 1～ 3kmSAR 数据,后者提供 40km 微波辐射计数据,这为主动、被动微波联合反演等提供了深入研究的机会,有望实现 SMAP 的科学目标,即提供地表 5cm 深度、精度为 $0.04cm^3/cm^3$、空间分辨率为 10km 的土壤水分数据。

　　综合以上各种算法可以看出,目前的任何反演算法都有自身的优缺点,而多传感器联合反演算法可整合各种反演算法的优点,提高土壤水分的时空分辨率和反演精度,是卫星遥感反演土壤水分的必然发展趋势,有助于实现多传感器联合反演全球土壤水分的业务化。

第二节 冰雪遥感

冰雪是重要的淡水资源,也是干旱区水资源的重要来源,被称为"固体水库"。陆地上每年从降雪获得的淡水补给量约为 $6 \times 10^{12} \mathrm{m}^3$,约占陆地淡水年补给量的 5%。此外,冰雪融水径流具有调节河川流量的作用,使水量不致过分集中于夏雨季节。在干旱区,高山终年冰雪区是固体水库,亦是一些河流的水源,并形成沿河的绿洲。冰雪资源在调节水资源、冷藏、冰雪考古、开展冰雪运动和冰雪旅游等方面都有重要意义。长期积冰和积雪的变化还是气候变化的指示器。

本章首先介绍冰雪物理基础,包括冰雪的基本概况、形成条件与过程、冰雪度量指标以及冰雪与电磁波相互作用特性。其次,阐述可见光近红外波段、热红外波段、被动微波、主动微波及多传感器联合反演的基本原理和方法。然后,介绍地面观测方法和遥感反演精度检验方法。最后,简要介绍目前全球冰雪数据产品,结合实际应用案例阐述产品的区域应用价值和冰雪的全球分布特征。

积雪是一个重要的地球物理变量。在北半球的冬季,超过 50% 的陆地表面被季节性积雪所覆盖,季节性积雪是造成地表反照率出现最大年内变化与年际变化的原因,并且会影响到全球气候变化,对气候具有反馈作用。另一个重要的气候影响是积雪产生的绝热作用,它减少了地表与大气的热交换。在局地尺度,积雪影响天气、环境、工农业生产和生活水源、寒区工程建设,也可造成融雪性洪水灾害。因此,对积雪进行监测具有重要意义,但传统的地面气象观测网的空间密度太低,且只能观测积雪是否存在,记录积雪深度,不能提供有效的积雪时空分布特征。随着遥感技术的发展及遥感卫星种类的增加,遥感影像的空间分辨率、光谱分辨率、时间分辨率都在逐渐提高,遥感技术已经成为有效的积雪监测手段。积雪可见光—近红外波段的反射波谱特性,微波介电特性及微波热辐射特性和散射特性等可以用来进行积雪遥感监测。

冰川是全球气候变化重要的敏感指示器,冰川变化是气候变化的产物,气候变化能够引起冰川积累量和消融量的变化,最终使冰川面积发生增减、冰川末端前进或退缩、冰川高程增加或下降。冰川还是全球淡水资源的重要储备,冰川及其融水是自然环境必要的有机组成部分。冰川变化也是影响海平面上升的主要因素之一。然而由于冰川地区,尤其是山地冰川,气候恶劣、地形险峻,无法对所有冰川进行实地观测,因此遥感技术应用于冰川识别和观测成为冰川研究发展的必然结果。随着卫星及传感器技术发展,冰川监测技术不断更新,遥感技术已经成为快速观测冰川的主要技术手段,并为冰川变化研究提供了及时准确的数据源。

海冰对气候的影响主要是因为其年际变化大,并且由于海冰对太阳辐射的反照率远比海水大,所以它强烈制约着海气热量交换。海冰能将入射的大部分太阳辐射反射回大气中,而吸收的短波辐射很少,从而对极地气候乃至全球气候起到调控作用。同时海冰随着夏季太阳辐射、气温的变化,表面冰雪融化,反照率会迅速降低,从而吸收更多热量,这种雪/冰反照率正反馈过程使得海冰对气候的影响更为强烈。卫星遥感技术在海冰监测中起着不可替代的作用,尤其是被动微波遥感,其全天时、全天候的特点,是可见光和红外传感器不可比拟的,图像的几何特点与可见光、红外扫描仪图像相近,没有雷达图像那样复杂,而且受大气状况和极地辐射影响较小,不受极地地区极夜现象限制。

一、可见光－近红外遥感方法

可见光近红外遥感记录的是地球表面对太阳辐射的反射辐射能。其关键变量包括大气纯洁度、地物波谱特性、太阳辐射强度、太阳高度角及其他能量。

在反演冰雪参数和面积提取的算法中,以下 4 种最具有代表性:单波段阈值法、双波段差值法和比值法、复合指数法、监督和非监督分类法。

(一)单波段阈值法

1966 年,美国国家海洋和大气管理局(National. Oceanic. and. Atmospheric. Administration，NOAA）发射的 NOAA 系列气象卫星开创了利用可见光遥感手段监测积雪的方法。该系列极轨卫星，采用双星运行体制，观测周期为 12h。搭载的甚高分辨率辐射计（advanced. very. high. resolution. Radiometer，AVHRR）具有从可见光到热红外的 5 个波段。与其他卫星传感器相比，AVHRR 的空间分辨率较低，为 1.1km，但由于 AVHRR 数据具有较高的时间分辨率，它依然是积雪遥感动态监测和制图的理想数据源。

单波段阈值法是利用卫星不同波段的设计目的和地物波谱特征，如识别积雪主要利用了其在可见光波段（波段 1,0.55～0.68μm）的高反射率和近红外波段（波段 2,0.72～1.10μm）相对较低的反射率特性。传统的 NOAA 系列卫星可以区分雪和其他地物，却难以准确区分雪和云。NOAA17 卫星 3 波段在白天的最小波长从 3.55μm 改为 1.6μm，而云和雪在 1.6μm 处的反射差异可有效地对二者进行区分。

美国国家海洋和大气管理局和美国国家环境卫星、数据及信息服务中心（National. Environmental. SatelliIte，Data. and. information. Service，NESDIS）1966 年开始每周发布 1 幅以 NOAA 卫星影像为基础编制的北半球冰雪范围分布图，分辨率为 0.5°×0.5°。对于全球尺度，NOAA/NESDIS 北半球积雪面积是唯一达到气象业务化和规范化的积雪监测的重要指标。

在海冰提取方面，单波段阈值法也有一些成功的应用，罗征宇和孙林利用 MODIS 中冰水反射率差异最大的第 4 波段提取了渤海海冰。

（二）双波段差值法和比值法

采用多光谱遥感数据识别湖冰，其基础是冰与水的波谱特性差异。冰在可见光和近红外波段反射率高，而水体反射率低，两者反射率差异很大，因而可以区分冰和水。此外，有研究表明温度也是区分冰水的重要因子。湖冰、河冰（河流冰凌）等的识别原理都非常相似。但湖泊不像河流细长，不需要采用较高分辨率的影像，对于大型湖泊采用低分辨率的影像也能识别。

多光谱识别最常用的是阈值法。根据冰水在红光和近红外波段反射率差别,殷青军和杨英莲利用 MODIS 通道 1 和通道 2 反射率之差来鉴别湖冰,差值大于某个阈值的像元即被判别为湖冰。第二种方法是根据反射率差异区分冰和水,Latifovice 和 PouLiot 根据湖面年内反射率变化分布曲线,选定反射率阈值实现计算机自动识别,从而监测加拿大湖冰的生消变化。第三种方法是利用湖面温度差异区分冰水,Nonaka 等利用 MODIS 长序列水面温度数据,建立水面温度变化趋势线,然后用温度阈值来监测冰消融为水的时间,并从卫星数据得到阈值:淡水表面温度不低于 2℃,海水表面温度不低于 0.5℃。温度数据主要通过反演或者直接下载有关卫星的温度产品获得。反演时,主要通过热红外波段进行反演,常用的反演方法有单通道法、多通道法、多时相法和一体化反演方法等。

利用双波段差值法进行积雪的识别,尤其是云和雪的区别。NOAA 卫星的 AVHRR 图像,其第 3 通道和第 4 通道亮度温度的差值,是识别低云和积雪极为重要的参数;对于不同云顶高度的云,双波段的差值都相对较大,表现出较好的识别能力。

波段比值法常用来进行冰川区域的识别,其原理是利用影像 2 个波段的比值运算结合阈值来提取冰川区域。使用较多的是 Landsat.TM 影像的波段 TM4 与 TM5 的比值,其在总体上效果最好。而在深阴影区 TM3 与 TM5 的比值法效果较好;ASTER 影像的通道 3 与通道 4 的比值也可以。Paul 等基于 Landsat.TM 影像评价了瑞士 Weissmies 地区冰川提取的不同方法,认为波段比值法的结果最好;仲振维和叶庆华在 AS-TER 数据的基础上进行研究表明比值法对阴影中的冰川提取具有明显优势。

海冰识别时,可以通过双波段比值法预先将海水区别开来,在 FY—3 卫星得到的 MERSI 数据的通道 1(中心波长 $0.47\mu m$)和通道 2(中心波长 $0.55\mu m$),海冰和云的反射率不变,海水的反射率明显减小,通道 1 和通道 2 相除所得的比值图像将海水与海冰、云在可见光波段的反射率变化差异放大,有利于在提取海冰之前区分出海水。

(三)复合指数法

(1)积雪指数法,积雪在可见光和近红外波段有着明显的光谱特征差异,在可见光波段积雪的反射率很高,保持在 0.7 以上,而其他地物的反射率则偏低。随着波长增加,积雪反射率逐渐降低,在短波红外波段其反射率急剧下降,普遍低于一般地物,其中在 $1.6\mu m$ 和 $2.1\mu m$ 处有 2 个明显的吸收谷,反射率可低于 5%。积雪的反射率随着波长增大而降低,并且随着不同积雪状态而变化。

Dozier 提出了利用积雪反射率特性的积雪指数概念。Hall 等利用积雪指数法开发了 SNOMAP 算法,并用于 MODIS 积雪产品生产。积雪与其他地物相比,光谱有 2 个重要的特性:在可见光波段有较高的反射率,在短波红外有较低的反射率。和 NDVI 指数类似,识别积雪时,常用的指数为归一化差值积雪指数(normalized. difference. snow. index,NDSI)。NOAA/AVHRR可以选择波段 1(0.58~0.68 μm)和波段 2(0.72~1.10 μm),Landsat 卫星搭载的 TM、ETM + 可选择波段 2(0.525~0.605 μm)和波段 5(1.550~1.750 μm)计算 NDSI。MODIS 传感器的情况比较特殊,Terra卫星搭载的 MODIS 传感器使用波段 4(0.545~0.565 μm)和波段 6(1.628~1.652 μm)计算 NDSI,而 Aqua 卫星搭载的 MODIS 传感器,由于发射后波段 6 出现故障,一般使用波段 7(2.105~2.155 μm)来代替。

一般用 NDSI≥0.4 这个阈值范围表示冰雪覆盖,这个值是由 Hall等在对美国区域进行监测后提出的。Klein 和 Barnett 证明了这一阈值设定的有效性。但这个阈值对于不同研究区并不是唯一的,需要根据研究区的状况进行分析确定。

由于水体也可能出现 NDSI≥0.4 的情况,为了避免这类水体被划分为积雪,利用水体在近红外波段反射率低的特性,加入判别条件近红外波段反射率高于 0.11,用来排除水体。此外,茂密森林地区在 $1.6\mu m$ 波长的区域反射率很低,使得 NDSI 的分母非常小,即使可见光波段有较小增加也会导致 NDSI≥0.4,像元被误判为积雪。因此,在算法中加入可见光波段反射率阈值,避免这些低可见光反射率的像元被判为雪。SNOMAP

算法的完整表述为:NDSI≥0.4,Rwg≥0.1,Rns>0.11。

因为冰川和积雪反射率特性的相似性,这个方法也适用于冰川区域的识别和提取。以 TM 影像为例,一般基于冰川在第 2 波段和第 5 波段的强吸收特性,计算雪盖指数。Hall 等基于 Landsat 和 IKONOS 卫星数据,利用雪盖指数法对阿尔卑斯山的 Pasterze 冰川进行了识别和分析。

(2)单波段雪粒径估算,雪粒径的时空分布是融雪径流模型、雪化学模型及其他模型的输入参数,是表征积雪水热状态和影响雪面能量收支的重要参数。雪粒径大小变化影响积雪的热状况,因此可用它评估融雪的开始时间和分布。此外,雪粒径大小和气孔分布对建立融解物迁移和浓缩变化模型至关重要。粒径更是引起反照率变化的重要因素,从而也是影响全球辐射平衡的因素。

积雪的反射率曲线具有在可见光波段高反射和在近红外、短波红外波段强吸收且对积雪粒径变化敏感的特征。因此,雪粒径遥感反演一般选用近红外波段,尤其 $0.7 \sim 1.4 \mu m$ 波长范围内雪的反射率对雪粒径大小最敏感,且随着粒径增大反射率下降。

因为雪粒径的敏感波段较窄,因此需要高光谱传感器对积雪粒径的大小进行反演。王建庚等建立了单波段雪粒径的估算模型以及雪粒径积雪指数估算模型,用相关斜率、决定系数和均方根误差评估模型估算的精度,结果显示模型符合反演要求,可用于雪粒径的高光谱遥感反演。

(四)监督与非监督分类法

(1)监督分类法。监督分类是基于对训练样本区的采样,对每一地物信息类的反射值生成一个统计特征,通过检查逐个像元的反射值并确定它与哪个光谱特征最相似,从而对图像进行分类。监督分类的基本特点是在分类前对遥感影像上某些区域的地物类别属性已有了先验知识,然后按照经训练的判别函数把图像按指定的类别进行分类。其中常用的分类器有最小距离分类器和最大似然分类器。为保证分类的可行性,一般需要做尽可能多的野外调查工作,来获取地面实测资料,然后进行分类,提取冰雪面积。

除了用于积雪研究,监督分类方法也能用于海冰和冰川研究,Bulgin等利用 ASTER 数据采用贝叶斯分类器对高纬度地区海冰进行分类,海冰和海水在可见光和近红外波段有着明显区别,因此采用监督分类法能够有效地用于海冰提取。当然,监督分类法在海冰研究中存在的问题除光学影像普遍存在的问题(云层等)之外,还存在着区分海水和薄冰的问题,由于电磁波能轻易穿透薄冰,因此薄冰与周围海水无论从光谱特征还是温度来看,均非常接近,在分类过程中很容易错分。与海冰研究类似,监督分类在陆地冰川分类过程中面临的问题主要在于冰川和积雪的区分、表碛覆盖型冰川识别等方面,Sidjak 在利用最大似然监督分类的基础上采用主成分掩膜、波段比值(TM4/TM5)及归一化积雪指数(NDSI)的方法进行辅助判别,提取冰川。

(2)非监督分类法。非监督分类不需要先验知识,只是根据地物光谱特性进行分类,简单易于操作,但是分类效果受影像分辨率、成像季节等条件的影响较大。非监督分类方法可以应用于提取积雪、冰川等方面,常用的非监督分类算法有 ISODATA、模糊聚类等。

Macchiavello 等利用决策树和阈值来对 MODIS 数据进行分类的非监督分类法来自动提取积雪覆盖面积,该方法主要通过归一化积雪指数(NDSI)、归一化植被指数(NDVI)及不同地物在 MODIS 各波段之间的差异来区分。

在冰川识别方面,NoLin 和 Payne 采用 ISODATA 算法对 MISR 数据进行非监督分类,主要流程为:首先通过 6S 大气辐射传输模型来计算近红外波段反照率(albedo);其次计算归一化差异角度指数(Normalized. Difference. Angular. index,NDAI)。

二、热红外遥感方法

所有的物质,只要其温度超过绝对零度,就会不断发射红外辐射能量。常温的地表物体发射的红外能量主要在大于 $3\mu m$ 的中远红外区,是热辐射。它不仅与物质的表面状态有关,而且是物质内部组成和温度的函数。在大气传输过程中,它能通过 $3\sim5\mu m$ 和 $8\sim14\mu m^2$ 个窗口。热红外遥感就是利用星载或机载传感器收集、记录地物的热红外信息,并利用这种热红外信息来识别地物和反演地表参数,如温度、湿度和热惯量等。

利用热红外遥感反演冰雪参数,主要包括亮温阈值法和反演温度的单通道算法、劈窗算法和多通道算法等。

(一)亮温阈值法

阈值法像元统计是经验统计方法,其原理是基于雪的反射特性与其他地物的差异,表现在雪的高反射和低吸收上,因此普遍在可见光和红外波段中使用,而又以可见光波段应用最为广泛。但因时相、大气传输和地形等诸多因素的影响,同一地区几乎每一景图像雪的阈值都不尽相同。在实际操作中,经验性成分比较大。同时大面积的云层使得阈值像元统计产生较大误差。阈值法像元统计关键在于能找出反映积雪范围的图像亮度值的上限和下限。对于上限,虽然有云时,由于云与雪的光谱响应的相互重叠而较难确定,但在无云时,由于积雪的反射率明显高于其他地物而较容易确定;对于下限,由于在瞬时观测场的亮度值不仅与积雪反射有关,而且受到边界斑状积雪与模糊像元的影响,使下限选择比较困难。

(二)单通道算法

冰川表面温度是冰川基本物理特征之一。是决定冰川的属性与类型,以及冰川运动的基本要素之一。冰川表面温度与冰川热量平衡息息相关,是冰川热量平衡研究的重要内容。反演地表温度通常有 2 种方法,一种是基于光学影像的热红外波段,另一种是基于被动微波亮温数据。同其他地物表面温度测量一样,冰川表面温度也可以通过 Landsat.TM和气象卫星 AVHRR 热红外通道等进行反演。热红外影像的像元 DN值可以直接用于地表温度反演,然后利用普朗克辐射方程计算卫星接收的亮温值 T。得到卫星接收的亮温值后,需要进一步经过大气校正获得地表温度值。相关学者提出了一系列单窗算法、劈窗算法和多通道算法等。

单通道算法主要是针对只有一个热红外通道的遥感数据进行地表温

度反演,例如 TM6 等,其中代表性的算法有 Qin 等的单窗算法和 Jiménez-Muioz 和 Sobrino 的普适单通道算法。劈窗算法是由 Mcmillin 针对海洋表面温度反演于 20 世纪 70 年代提出的,它是基于 2 个红外通道,用受大气影响不同而导致对同一目标的辐射亮度差异来消除大气影响的原理来估算地表温度,之后,Becker 和 Li、Wan 和 Dozier 又在此基础上进行了改进和发展。但是无论是单通道算法还是劈窗算法,都没有真正实现温度和地物比发射率的同步反演。为此,一些研究人员发展了多通道算法,主要有 Wan 和 Li 提出的 MODIS 昼夜算法和 Gillespie 等提出的 ASTER 温度发射率分离算法。MODIS 昼夜算法是利用 MODIS 的 7 个红外通道的昼夜数据反演地表温度和通道平均发射率,ASTER 温度发射率分离算法是针对 Terra. ASTER 拥有 5 个热红外波段的特点提出的。

三、被动微波遥感方法

微波由于其具有较强的穿透松散物体的能力,及全天候探测的特性,一般用在反演积雪深度和海冰密集度。

积雪深度和亮度温度的负相关关系是被动微波亮温数据反演积雪深度算法的基础。Nimbus-7 卫星的 SMMR37GHz 和 18GHz 的水平极化亮度温度数据最先被用于积雪深度反演,其后 DMSP 卫星的 SSM/I 的 37GHz 和 19GHz 水平极化亮度温度数据得到了广泛应用,据此已建立有全球积雪深度微波遥感反演算法。在反演积雪深度的算法中,以下 4 种最具有代表性:NASA 算法、MEMLS(分层的积雪微波辐射)模型、HUT(赫尔辛基理工大学)模型和致密介质辐射传输理论。

(一)NASA 算法

NASA 算法是目前发展比较成熟、可靠而简单易用的积雪深度算法,目前已经成为许多被动微波遥感积雪产品的基础算法。根据辐射传输模型和米氏散射理论,在假设雪密度为 $0.3g/cm^3$,雪粒径为 0.35mm 的前提下,结合地面实测资料确定各数值模拟的取值范围,通过回归方法得到了水平极化状态下 SMMR 各个频率亮度温度和雪水当量的关系。亮温差将出现饱和现象,即对积雪深度增加不再敏感;积雪深度小于 2.5cm 时则无法为 SMMR 所探测到,被认为是无雪。

验基础上发展起来的一个针对多层积雪的辐射传输模型。它根据积雪的物理特性将其分为多层,用 6 通量(空间各个方向的辐射)理论描述每个雪层内部的多次散射与吸收,同时考虑了雪层之间的界面散射。模型中的吸收系数、有效介电常数、折射率和反射率是根据物理模型和冰晶介电特性计算得到;模型中的散射系数是通过严格物理定义的参数化获得的,是一个完全的物理模型。

MEMLS 的突出特点是考虑了积雪的分层特性,适用频率范围较宽,达到了 5～100GHz,用 6 通量近似解辐射传输方程,模型开销不大,计算速度快,是精巧而实用的模型。它完全基于物理过程的特点使其可以不用进行大量的积雪实地观测工作而直接模拟积雪深度与各频率亮温的关系,作为改进积雪深度反演算法的先验知识。

(二)HUT 模型

HUT 模型是基于辐射传输方程的半经验模型。它假设积雪层中热辐射的散射以前向散射为主,因此采用经验系数来度量被散射到前向的辐射能量比例,从而得到雪层辐射传输方程的简化表达。同时,对于森林覆盖率的影响采用积雪和森林亮温的线性组合来表示;对于大气辐射的影响采用经验方法计算。通过迭代方法比较模拟值和观测值。

对目标函数极小化,得到雪水当量和雪粒径的最大似然估计,从而反演积雪深度。相关的模型验证表明,在没有其他先验信息的情况下,HUT 模型的反演结果高于采用亮温差的线性回归模型,雪水当量反演的均方误差小于 30mm。

根据黑体辐射原理,一般地物的微波辐射亮温与其真实温度存在简单线性关系。利用被动微波进行地面温度反演通常无法达到使用热红外波段反演的精度,但微波具有全天候全天时观测能力,受天气影响很小,因此在反演地面温度时也有其独特优势。基于被动微波遥感的地表温度反演主要有经验模型、半经验模型和物理模型。融化冰雪面即使只出现 1%～2% 的含水量,也可使冰雪面微波发射率及亮温显著增大,因此当冰雪面年内微波亮温平缓变化过程突然出现跃升时,既可以判断表面发生了融化。

冰川表面温度反演的方法和地表温度反演是一致的,适用于地表温度反演的算法经过适当的参数调整均可用于冰川表面温度反演。

海冰的微波发射率明显不同于海水,所以这 2 种地物在被动微波图像中很容易区分,从 1972 年研制出的第 1 个星载被动微波辐射计 ESMR 开始,被动微波就开始应用于海冰空间探测。被动微波图像的空间分辨率很低,因此被动微波方法是统计方法,用来监测海冰密集度。目前已有众多被动微波反演海冰密集度的算法,其中以 NASA 算法最为广泛采用,成为 NASA 长期监测的指定算法。

(三)NASA 海冰密集度算法

NASA 算法反演海冰密集度,引入极化比和梯度比的概念,其定义如下:PR＝[TB(19V)－TB(19H)]/[TB(19V)＋TB(19H)]GR＝[TB(37V)－TB(19V)]/[TB(37V)＋TB(19V)]用 V19GHz、H19GHz、V37GHz 亮温数据获得。CF 是一年冰海冰密集度;CM 是多年冰海冰密集度;系数 c_1、b_1 和 c;(I＝0、1、2、3)都是亮温的函数 CT＝CF＋CM,式中,CT 的海冰总密集度等于 CF 与 CM 之和。

(四)ASI 海冰密集度算法

ASI 算法是由 Spreen 等提出的,在算法中,AMSR－E89GHz 的垂直极化和水平极化的 2 个通道被用来计算海冰密集度。在 ASI 算法中,海冰密集度是用亮温 TB 的极化差异 P 来计算的:P＝TBv－TB,H,式中,V 表示垂直极化;H 表示水平极化。现有的研究结果显示,在 90GHz 频段时,对于一年冰和多年冰,辐射率的极化差异都很小;但是对于无冰覆盖的开阔水面,辐射率的极化差异却很大。一年冰、多年冰和开阔海面的数据来自 1983 年 NORSEX 小组的观测,夏末数据来自一年冰和多年冰的混合观测。AMSE－E 的 3 个频段分别为 19GHz、37GHz 和 89GHz。当物体的物理温度一定时,一定频率下亮温大小只与物体的辐射率有关。因为垂直极化和水平极化的电磁波在海冰表面或海水表面同时发出时,对同一物体的物理温度是相同的,因此极化差异只受辐射率大小的影响。ASI 海冰密集度数据计算中，无冰海面和 100% 海冰覆盖区域的特征点 P_0 和 P_1 分别被指定为 $Po=47K$ 和 $P_1=11.7K$。根据这 2 个特征点得到的计算 AMSR－E 海冰密集度的方程为：$C=1.64 \cdot 10^{-5}p^3 - 0.0016P2+0.0192P+0.9710$

四、主动微波遥感方法

相对于被动微波遥感而言，主动微波遥感具有被动微波遥感的优点，同时还具有高空间分辨率、微波信号可以穿透一定深度获取冰雪体散射特性的优势，另外，主动微波遥感可以根据需要发射不同频率的微波信号，根据特定频率微波信号的后向散射特性发展出许多新的冰雪参数提取算法，因此主动微波遥感定量反演空间上高度异质的冰雪参数，具有巨大潜力。

冰雪的主动微波遥感主要是利用冰雪与其他地物的后向散射系数差异和介电常数差异来进行冰雪参数的观测。对于积雪来说，后向散射包括空气—雪界面后向散射、雪的体散射、下覆界面散射、上下两个界面之间的多次散射等。对于海冰、湖冰来说，主要利用主动微波遥感在冰面和水面（湖面、海面）后向散射特性的差异来进行湖冰和海冰参数的观测。对于冰川来说，主要利用冰川表面后向散射特性的变化和差异来进行冰川参数提取及冰川变化的观测。在反演冰雪参数算法中，主动微波遥感一般有多极化方法、多时相方法、InSAR 方法等。

（一）多频率、多极化分类树方法

Shi 和 Dozier 发展了基于多频率、多极化 SAR 资料进行积雪制图的方法。他们基于高精度 DEM 几何纠正和地形纠正的 SAR 积雪面积制图分类树，将地表分为干雪、湿雪、裸土、低矮植被和森林覆盖等 6 种类型。

该算法应用于美国 Mammoth 山区，分类结果与 TM 分出的有雪和无雪"二值图"相比，精度约为 TM 数据的 79%。由于 SAR 为侧视，很难看到林地中的积雪空隙，而且森林的强烈后向散射完全主导了混合像元的总体发射，从而难以区分雪和森林组成的混合像元，SAR 的分类结果低估了积雪范围。

张晰等利用全极化合成孔径雷达影像(SAR)的优势,提取海冰的极化散射特征;提出了基于二叉树思想的高分辨率全极化 SAR 海冰分类算法,结果表明与传统的海冰分类方法相比,基于极化散射和全极化海冰分类方法提高了 SAR 海冰分类精度。与传统方法相比,总体精度从 78.67%提高到 86.67%,如图 3-2 所示。

不同种类的冰川在 SAR 的不同极化方式影像上表现不同,因此多极化方法也可以用于冰川的分类和冰川上雪线的识别。多极化方法主要是利用波利分解式和 H/A/a 分解式的方法,获得 SAR 影像上的各地物特征,然后经过监督分类或非监督分类进行地物识别。

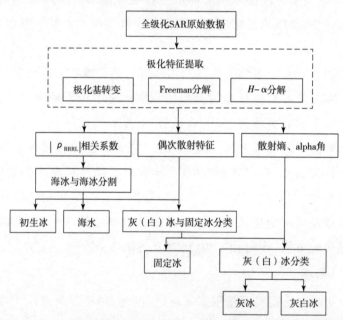

图 3-2　基于二叉树思想的高分辨率全极化 SAR 海冰分类算法流程图

对于 H/A/a 分解,主要是通过对影像像元的相干矩阵<T>进行特征值分析获得极化熵 H、极化各向异性 A 和 α 等 3 个参数组成特征空间,进而利用监督分类和非监督分类进行地物识别。

Huang 等基于 C 波段的双极化 Radarsat-2SAR 影像、获得冬克玛底地区的冰川特征,并用决策树、最大似然和 SVM 方法进行冰川区域分类和雪线识别,分类精度达到 83%~91%。

(二)多时相方法

Nagler 和 Rott 在前人和他们自己工作的基础上利用多时相 SAR 资料发展了积雪分类的稳健算法。基本原理是根据积雪在消融过程中后向散射系数会明显降低的观测事实。主要步骤是:首先选取积雪消融前的一景 SAR 影像作为参照影像,对消融期间获取的影像进行几何配准和噪声滤波等预处理,然后计算新获取的影像与参照影像后向散射系数的差值,大于－3dB 时,则认为地表为湿雪。该方法的精度很高,只是略微低估积雪范围。

在冰川识别方面,利用 SAR 影像进行冰川识别通常是根据冰川的后向散射系数等参数作为依据来区分的,Partington 和 Cavalieri 提出利用多时相 SAR 数据识别冰川,主要原理是将三景不同时相的 SAR 数据合成彩色影像,他将冬天的 SAR 影像放入蓝光通道,初夏影像放入红光通道,夏末影像放入绿色通道,当某一时期后向散射系数更强的时候,则表现出该通道的颜色。由于冰川、积雪等后向散射系数的区别,这种方法不仅可以提取冰川,也能提取干雪和湿雪。

对于海冰而言,由于海冰并不稳定,受风、洋流等因素的影响,会发生很大位移,而气温等因素可能导致海冰融化、破裂,因此极不稳定,故无法用多时相的方法提取海冰。

(三)反演和估算方法

对于积雪深度的反演常采用 C 和 X 波段。Shi 和 Dozier 在正向物理模型的基础上建立了反演积雪深度的参数化模型,首先将辐射传输方程的一级近似应用于积雪雷达遥感。然后用正向模型模拟多种传感器参数与雪层参数取值条件下的后向散射系数。通过突出感兴趣的反演参数压制其他参数,减少反演变量,建立起观测量和反演参数积雪深度之间的半经验关系。用该方法在美国 Mammoth 山脉进行了积雪深度的反演,均方根误差为 34cm,相对误差约为 18%。Bernier 和 Fortin 通过实验发现,SWE 与热阻之间也存在良好的线性关系,并发展了积雪热阻雪水当量估算法。

冰雷达探测是通过雷达回波技术,测量来自冰体内部反射回波的 2

次电磁波穿越冰体经历的时间,估算冰川冰盖厚度以及反演冰下地形。冰雷达系统通常由发射单元、接收单元和中心控制系统 3 部分组成。冰雷达发射的电磁脉冲在冰盖内部传播,其路径、场强与波形随冰雪介质的介电特性变化,在介电特性不连续处发生反射,最后被接收天线接收。接收到的反射电磁脉冲双程走时、振幅和相位等资料,可以用来研究冰厚、冰盖内部结构及冰岩界面环境等。冰雷达的频率范围扩展到从 MHz 级到 GHz 级:低频雷达系统的穿透性强,信号衰减弱,主要用于暖冰区的冰厚探测,而高频雷达系统的分辨率较高,主要用于冰盖和快速冰流区的内部层和冰雪积累率研究。

(四)InSAR 方法

InSAR 方法利用地物的后向散射强度、积雪和无雪区域 SAR 图像相干系数的测定可以进行积雪面积的制图。Shi 和 Dozier 利用 InSAR 方法,通过用 L 波段 SAR 对研究区不同时间、不同地表类型的相干系数的测定分析发现,积雪覆盖区、湖泊、森林覆盖区相干系数明显低于其他地表类型,从而可以将这些地物类型从其他类型里区分出来,然后再根据 SAR 后向散射强度和 TM 影像区分积雪覆盖区、湖泊和森林,其分类结果与 TM 积雪分类图像相对精度达到 86%。

积雪产生的干涉相位差可以直接用于 SWE 的估算。由传感器信噪比的决定,其对于干雪区域的去相关贡献相对较小。时间去相关对整个相干性的影响最大,这主要是由于积雪特性的改变造成,改变了雷达波束在积雪内的传播路径。因此,两次观测之间的降雪或风吹雪造成时间去相关是这种方法应用的最大障碍。

对于冰川高程变化和冰川运动,InSAR 方法也有着非常重要的应用。合成孔径雷达干涉测量技术(InSAR)是发展起来的空间遥感新技术,它利用空间上分开的两副天线或同一天线重复飞行,对同一区域进行两次成像,得到的两幅复图像(包括强度信息和相位信息)经配准后生成干涉相位图,利用干涉相位图来提取地面目标的三维信息等。

Kumar 等基于 ERS－1/2 数据,利用 InSAR 方法对 Siachen 冰川1996 年 4 月(降轨)和 5 月(升轨)的表面流速进行了测量,并利用雷达波束的空间几何关系得到冰川表面的三维流速。

(五)特征跟踪方法

由于冰川活动的特殊性,一般来说冰川运动会造成冰川表面失相干效应强烈,对于大部分 SAR 数据来说都没有办法使用 InSAR 的方法得到。特征跟踪采用最大强度交叉相关方法,原理是在两景经过配准的影像之间计算同样大窗口内的影像强度相关性来确定同名点的位移大小。

具体实施步骤是:首先在主副影像同一位置分别开一个方位向像元数为 A,距离向像元数为 R 的窗口 Wu 和 Ws,并定义窗口中心位置分别为 PM 和 Ps;然后固定 Wm 不动,在一定范围内以一定步长(方位向为 SA,距离向步长为 S)移动 Ws,每移动一次,计算 WM 和 Ws 之间的强度相关系数。Ke 等基于 ALOS/PALSAR 影像,利用卫星雷达特征跟踪方法(satellite. radar. feature. tracking,SRFT)对易贡藏布流域部分冰川进行了表面流速测量,得到该地区冰川流速为 $0\sim450\mathrm{m/a}^1$。

五、多传感器联合方法

在实际应用中,遥感仪器的主要差别是空间、时间、光谱和辐射分辨率。通常传感器空间分辨率的最优化往往会造成其他分辨率降低,如 TM 比 AVHRR 具有较高的空间分辨率,但是 AVHRR 能每天重复覆盖同一地区,而 TM 需 2 个星期。所以目前的传感器都在大范围覆盖和高空间分辨率之间采用折中方式,以弥补各自的局限性。对于气候研究需要千米级分辨率的积雪数据,以研究几千千米尺度的大范围对象;对于流域尺度研究则需要 100m 甚至更高分辨率的数据,以研究几十千米尺度的小范围。可以说,当今的传感器还不能同时满足所有尺度研究需求。可见光和近红外波段主要提供积雪表面信息,而微波能收集到雪层内综合数据。因此,利用多传感器联合监测冰雪信息,将是今后研究的主要方向。

Foster 等提出 ANSA 算法。该算法结合 MODIS 的可见光波段,AMSR－E 的被动微波和星载微波散射计 QSCAT 的散射数据,产生单一的冰雪数据集,包含雪水当量、冰雪范围、局部冰雪覆盖、冰雪刚融化和已融化区。ANSA 算法和现有方法的不同之处主要在于使用了散射数据。在默认情况下,天气晴朗时使用 MODIS 冰雪覆盖产品估计冰雪范围,因为它具有较高精度;当有云层覆盖时,选择 AMSR－E 监测冰雪范围;QSCAT 后向散射数据可以用来确定冰雪刚融化和已融化的区域。由此得来的 ANSA 混合产品的精度比单独的 MODIS 和 AMSR－E 都要高,目前对此算法的研究工作集中在如何提高产品的分辨率上。

第三节 降水遥感

降水是指从云中降落至地球表面的所有固态和液态水分其主要形式是雨和雪。降水是地球水循环的基本组成成分,它作为一个水分通量,连接着大气过程与地表过程,具有重要的气象学、气候学和水文学意义。在大气中,大约 3/4 的热能都来源于降水所释放的潜热,在气候系统中起着极为重要的作用。同时,降水及其时空分配影响着陆地水文过程和地表水资源变化。譬如,导致土壤水分发生变化、产生地表径流、抬高河湖水位等。对于植被生长、生态系统演替和人类的生产生活等有着重要的影响。

与其他地球水循环要素不同,降水的时间和空间变率都很大,并常常表现为非正态分布,所以是目前最难准确测量的水文变量之一。虽然运用地面雨量计和地基雷达可以监测区域性地表降水,但是由于雨量计和地基雷达在陆地上分布不均,且在海洋上分布更加稀少,所以很难通过这些手段准确地获得大区域和全球性的降水分布。因此,精准地测量降水量及其区域和全球分布,长期以来一直是一个颇具挑战性的科学研究目标。

首先,介绍有关降水的物理基础,包括降水的基本分类、降水形成条件与过程、降水度量指标与表示方法以及降水与电磁波之间的相互作用特性。其次,简述可见光—近红外波段、热红外波段、被动微波、主动微波及多传感器联合反演的基本原理和主要方法。再次,在介绍地面降水常用观测方法的基础上,概述遥感反演降水的精度检验方法。然后,简要介绍主要全球降水遥感数据产品,并结合实际应用案例,阐述降水数据产品在区域降水研究中的使用价值以及全球降水的时空分布特征。最后,简要地总结本章内容,展望降水遥感研究的发展前景。

基于卫星遥感技术精确地测量降水的时空分布,是最富有挑战性的科学研究目标之一。1960 年 4 月 1 日,世界上第一颗气象卫星——电视和红外辐射观测卫星 1 号(the. Television. Infrared. Observation. Satellite,TIROS—1)成功发射,在轨运行 78 天,传回 22952 张地球影像,为后继气象卫星铺平道路。随后,气象卫星相继发射升空,获得了大量的空间遥感信息,为反演降水提供了可能。早期的遥感降水反演主要依赖于被动遥感,包括地球静止(GEO)卫星和近地轨道(LEO)卫星上搭载的可见光、红外和主/被动微波传感器,这两种卫星各有所长。地球静止卫星上搭载了可见光和红外传感器,通常每隔数十分钟对目标区域进行一次观测,时间分辨率高,能够高频率地提供卫星云图,从而抓住一些生命史较短的降水云系统。近地轨道卫星上搭载的各类传感器,在不同轨道之间会出现扫描盲区,但是微波通道提供的卫星云图,则可以有效地减少卷云等非降水云对降水反演精度的影响。长期以来,被动遥感是降水遥感使用的主要数据来源。

降水过程的复杂性和遥感数据的多元化也为研发丰富多样的降水遥感算法提供了物理基础。自 1970 年代以来,人们运用各类遥感数据,研发了多种降水反演算法。既有经验型算法,也包括基于物理原理的算法。各类降水反演算法都具有其优势,同时也存在着这样或那样的不足。运用多平台(地球静止卫星和近地轨道卫星)、多模式(主动和被动)、多传感器(可见光/红外和微波)、多通道的遥感数据,联合监测地球降水的长期变化,成为降水遥感的必然发展趋势。

本节简要地介绍星载传感器降水遥感的基本原理,分别从可见光/红外、被动微波、主动微波和多传感器组合等 4 个方面,依次介绍降水的主要反演算法。

一、可见光—红外遥感方法

在可见光波段,卫星传感器接收到的辐射强度包括由云层和地表反射的太阳辐射。在云雾水滴大小固定的条件下,可见光波段云的反射率与垂直方向的液态水分光学路径成正比,即随着云层光学厚度增加而增大。云层的光学厚度越大,反射率越高,降雨的概率也越大。另外,随着云层光学厚度的增加,可见光波段云的反射率对于液态水分光学路径的敏感性也会降低,从而无法探测出雨云。因此,用可见光波段云的反射率来区分薄而无降水的云团和厚而可能降水的云团。

在红外波段,卫星传感器接收到的辐射强度。在有云情况下,卫星传感器接收到的是云顶及以上大气的辐射。根据基尔霍夫热辐射定律,可以求得云顶温度。根据降水形成的物理机制,云顶温度越低,则表示云层越厚,且地表降水强度越大。利用红外波段获取的遥感温度数据,可以用来间接地探测地球降水。具体而言,可以建立云顶的红外亮温与降水强度之间的关系,这也是可见光-红外降水遥感反演的基本原理。由于实际降水过程发生在云体的下部,云顶的辐射温度与云下的降水强度之间并非一种简单的物理关系,所以单纯地利用云层辐射信息推算降水,存在很大的局限性。

可见光和红外波段的卫星传感器通常具有较高的空间分辨率。GEO卫星上搭载的可见光-红外传感器,能够开展高频次的对地观测。虽然可见光-红外降水遥感的原理简单,且存在较大局限性,但GEO卫星能提供长时间且相对连续的可见光-红外数据,可以获得非常精细的降水强度空间分布和时间变化信息,所以基于可见光-红外遥感反演的降水数据仍然广泛应用于包括气象业务在内的多个领域之中。

(一)GPI降水指数法

目前应用最广泛的是地球静止业务环境卫星(Geostationary. Operational. Environmental. Satellite,GOES)降水指数(GPI)。该算法的基本思路是:假定冷云的云顶温度在低于235K时产生降水,根据遥感像元内冷云温度低于235K的覆盖比率推算降水,这时的降水强度取气候平均值3mm/hr。具体方法是,使用红外波段数据估算1日或5日以上的降水量。首先,将云顶亮温低于235K的云体定义为冷云,计算一定空间范围内的冷云覆盖率。然后,将冷云的日覆盖率与降水指数进行数理统计分析,得到线性回归公式的转换系数,然后使用该公式来推算降水。

GPI指数利用了红外波段亮温低于235K的冷云比例及平均降雨强度相对固定等物理特性。这种方法的主要优点是浅显易懂,简单易用;主要缺点是根据云顶特征估算地表降雨,具有较大的不确定性。在 40°N～40°S 空间区域,对流云系是主要的降水系统,其降水特性符合该降水反演方法的基本假设条件。而在纬度高于 40 的地域,降水系统多以层状云系为主,在这种情况下该方法存在很大局限性,估算精度则要低得多。

(二)GOES 多光谱降水法

在 GPI 算法的基础上,Ba 和 Gruber 提出了 GOES 多光谱降水算法(GOES. Multi. Spectral. Rainfall. algorithm,GMSRA)。该方法采用了 GOES 卫星可见光—红外波段区间上 5 个通道的遥感数据,包括 0.65、3.9、6.7、11 和 12μm。在算法处理上分为两大步骤:首先区分降水云和非降水云,然后估算降水云的降水强度。在区分降水云与非降水云时,根据不同波段的特点,获得云顶温度的空间梯度、云的反照率和云的粒径等信息,然后设定阈值进行区分。针对降水云,采用下式推算降水量。基于雨量计和地基雷达数据的降水数据,分析表明根据 GMSRA 方法得到的估算精度要高于 GPI 方法。在较小的空间尺度上,该算法通常会低估强降雨量,这也是大多数卫星降水算法面临的问题。在全球尺度上,利用 GMSRA 方法得到的日降水量,普遍比地基雷达要高出数毫米。

(三)其他可见光—红外降水遥感方法

在 GPI 算法和 GMSRAI 算法的基础上,通过建立降雨强度与云顶温度之间的经验指数关系,Vicente 等(1998)提出了自动估计算子技术,在美国 NOAA 的国家环境卫星数据与信息服务中心(the National Environmental Satellite Dataandinformation Service,NESDIS)开展业务化卫星降雨估算。针对极端降水事件,该技术后被进一步改进为水估计算子。此外,其他的可见光—红外算法还有 Griffith—Woodley 算法和出射长波辐射降水指数法(OPI)等,这里不再赘述。

Ebert 和 Manton 使用对地静止气象卫星(GMS)和地基雷达数据,在西太平洋海域对 16 种可见光—红外降水反演算法进行比较分析。结果发现,各种算法普遍高估降水,相对精度为 30%～300%。尽管各种算法在降水量估算值上存在不同程度的差异,但是它们所得出的降水空间分布则非常相似。

二、被动微波遥感方法

与可见光和红外波段相比,微波波段(1mm～1m,对应频率300～0.3GHz)拥有前者不可比拟的优势。①在以被动遥感方式观测降水时,由于雨滴强烈地影响微波辐射传输过程,因此星载微波辐射计可以容易地探测到降雨信息;②微波在云雨大气中具有很强的穿透性,能够在恶劣天气条件下进行全天候工作;③降水云体内部产生的辐射信息可以到达星载微波辐射计,因其本身就直接包含了降水的空间结构信息,所以利用微波资料反演降水更为直接,比可见光—红外方法具有更为坚实的物理基础。

根据微波辐射传输方程,被动微波传感器接收来自传感器下方的辐射,包括大气自身的上行辐射,大气自身的下行辐射经地表反射的辐射,以及地表自身的上行辐射3个部分。地表上行辐射在经过云层或降水层时,各种水凝物的吸收作用和散射作用会削弱地表上行辐射强度,而同时水凝物自身的发射辐射则会增强到达传感器的辐射强度。在上行辐射流中,包含了水凝物的种类、大小、形状和角度等复杂的信息,可用于从大气和地表辐射背景中获取降水辐射信息。从水凝物辐射特性的分布区间来看,在微波频率低于22GHz时,由于雨滴的吸收率和发射率很高,成为决定上行微波辐射的主要因素;0℃冻结层之上的冰晶对上行微波辐射的影响很小。在微波频率高于60GHz时,冰晶散射起着主要作用,微波传感器接收到冰晶的散射辐射信息。在22～60GHz区间内,包括雨滴和冰晶在内的水凝物同时具有明显的散射作用和吸收作用。不同水凝物在不同微波频率区间上的吸收和散射特征,已经广泛地用于研发可靠的微波降水反演方法,并成为微波降水反演的重要物理基础。Alishouse研究表明,18GHz、19.35GHz和37GHz等频段对于提取大气水分含量和降水等信息十分有用。

尽管作为背景辐射,由于具有明显不同的辐射特性,陆地和海洋在大气降水遥感反演中需要区别对待。对于海洋而言,海面的微波发射率较低(0.4～0.5),微波背景辐射较弱,接近常数。微波传感器接收到辐射强度取决于降水的发射辐射作用,同时海面具有高极化特征,而降水的极化特征较弱,因此,可通过低频微波(低于 22GHz)的辐射亮温,来识别并量化海洋降水。根据瑞利—金斯辐射定律,忽略雨滴的散射作用,则可获得低频微波辐射亮温的简化表达式,而降水水域的微波亮温在两种情形之间,随着降水强度的增大而增高。微波亮温与降水强度之间的定量关系,成为海洋降水遥感反演的理论基础。

对于陆地而言,地面的微波发射率很高(0.7~0.9),且变化范围较大,同时陆面的极化特征也不明显,这些因素都加大了陆地降水的反演难度。在微波频率较低时(低于 22GHz),由于陆地表面具有较高的发射率,因此难于采用类似方式进行区分。在微波频率较高时(35GHz 以上),冰晶的散射作用可削弱上行微波辐射,传感器接收到的微波亮温(冰晶散射信息为主)与降水速率之间存在一定关系,这一特点可用于定量提取陆地的降水信息。

根据微波辐射传输原理和海洋与陆地的微波辐射特性,人们提出了许多被动微波降水反演方法。可以根据水凝物的发射和散射差异,将反演方法分为发射型和散射型以及多通道方法。由于目前的微波传感器仅安置在极轨卫星上,所以被动微波算法只适用于极轨卫星。另外,微波辐射信号一般较弱,微波传感器往往需要较长的接收天线,影像的分辨率也不高。在海洋上,极轨卫星低频段的空间分辨率约为 50km×50km;在陆地上,高频段的空间分辨率通常低于 10km×10km。需要注意的是,绝大多数业务化的被动微波算法都针对特定的微波传感器进行优化,所以一般仅对来自该传感器的遥感数据反演结果最佳。通过各种算法对比研究发现,目前的算法都有各自的优缺点,还不存在一种完美而普适的算法。Kummerow 等提议公开各自研发的降水反演算法,以发展跨传感器的普适性降水反演方法。

(一)Wilheit 法

Wilheit 法是第一个具有理论支撑的被动微波降水反演方法。Wilheit 等利用微波辐射传输方程,针对 Nimbus5 卫星搭载的电子扫描微波辐射计(Electrically. Scanning. Microwave. Radiometer,ESMR)的 19.35GHz(对应波长 1.55cm)微波通道,忽略降雨云层上部的冰晶散射作用,同时忽略云雾粒子的散射作用,此时粒子衰减截面等于吸收截面,其中吸收截面是液态水介电常数的函数。假定雨滴谱为 M－P 分布,利用吸收截面与吸收系数之间的积分关系,模拟获得冻结层在不同高度下微波辐射亮温与降雨强度之间的定量关系。在冻结层为 4km 高度的条件下微波亮温与降雨强度之间的关系。其中,黑点表示星载 ESMR 亮温数据与对应的地面 WSR－57 雷达降水观测数据,"十"字点表示地面观测的微波亮温与对应的雨量筒直接测量数据,实线表示根据理论模型模拟得到的亮温曲线,虚线表示与计算曲线偏差在 1mm/hr 或降水强度 2 倍情况下的亮温曲线。因此,理论计算结果与观测数据相当吻合。因此,这一亮温曲线可用于反演海洋上空的降水强度,适用于 1~25mm/hr 的降水。显而易见,由于微波亮温与降水强度之间存在着非线性关系,这一方法用于降水反演时存在较大不确定性,平均相对误差约为 50%。

(二)Ferraro 法

Ferraro 等(1997)在前人研究的基础上,针对美国国防气象卫星计划(the. Defense. Meteorological. Satellite. Program,DMSP)卫星搭载的特制微波辐射计(Special. Sensor. Microwave. Imager,SSM/I),分别面向陆地和海洋降水,综合了多种微波降水反演算法,提出一个全球降水反演方法。由于该方法是在物理模型基础上简化而来的统计方法,易于使用,因此在降水观测业务中得到广泛应用。

Grody 提出利用 85GHz 波段的散射特性估算陆地降水,同时混合使用发射和散射波段估算海洋降水。由于 85GHz 出现问题而导致 18 个月的观测数据中断,故提出用 37GHz 波段数据替代 85GHz 数据。所以,Ferraro 方法包括两类算法,即 ALG37 算法和 ALG85 算法。ALG85 算法需要 19GHz、22GHz 和 85GHz 3 个波段的微波数据;在高频微波数据缺失的情况下,可使用 ALG37 算法替代,涉及 19GHz、22GHz 和 37GHz 3 个波段的微波数据。

在陆地上,使用该方法涉及异物同谱问题,即降水云的散射指数可能与雪覆盖地区、沙漠或半干燥地区接近,不易区分,在陆面上存在较大误差。与 GPCC 等雨量计观测数据集的比较结果表明,使用 SSM/I 数据在海洋上的降水反演误差为 50%,在热带和夏季中纬度地区的陆地上为 75%。

(三)GPROF 法

更加复杂的算法都是以概率论为基础建立起来的。Kummerow 等最早提出了戈达廓线算法,并成为 TRMMTMI 的业务算法。该算法可反演即时降水量及降水的三维空间结构,基本思想是采用美国 NASA 的云结构廓线数据库,利用辐射传输模式模拟降水廓线对应的上行辐射亮温,建立一个独立的云—辐射数据集;然后采用贝叶斯方法,并依据数据集中每一条廓线的不同权重,选择一条最接近观测值的降水廓线作为反演结果。

GPROF 方法采用贝叶斯概率反演降水廓线,是降水反演算法的一大进步。它一方面提高了反演速度,另一方面也克服了迭代算法中存在的反演结果非唯一性问题。Kummerow 等进一步结合 85.5GHz 波段,利用微波亮温的水平梯度和极化信息,来区分对流云和层状云,从而改善了早期 GPROF 算法对于海洋对流云降水周边区域的高估。在陆地上,改进的算法结合了 Ferraro 方法以改善陆地降水的反演精度。

GPROF 方法的反演精度在一定程度上依赖于降水廓线数据库的准确性和代表性。与洋面浮标站点的实测结果相比,GPROF 方法的反演结果呈 6% 正偏差,相关系数达 0.91。与 GPCC 陆地雨量计站点的实测结果相比,GPROF 方法的反演结果呈 17% 正偏差,相关系数为 0.80。与 TRMM 星载测雨雷达(PR)的探测结果相比,GPROF 方法的陆地反演结果要高出 24%。

三、雷达遥感方法

1997 年 11 月成功发射了美国和日本合作研发的热带降雨测量卫星(TRMM),星上搭载了第一台用于监测降水的主动微波传感器(降水雷达,PR),极大地推动了雷达降水反演算法研究。PR 使用 13.8GHz 波段发射微波,接收来自大气水凝物和地球表面的微波反射辐射,从而获取海洋和陆地降水的三维结构信息。PR 标准算法可以估算经衰减校正的雷达反射率和降水强度的垂直分布廓线。PIA(r)是双向路径积分衰减系数(two-way. Path. integrated. Attenuation,PIA),它受到很多环境因素的影响。对于低频(13.8GHz)微波辐射而言,在这些衰减因素中,降水粒子是引起衰减的主要因素,这是算法的关键所在。降水廓线反演算法可分为两步实现。首先,根据测量得到的垂直廓线 Zm 估算 Ze,这一步相当于对雷达的信号衰减进行校正。然后,再建立 Z(r) 与降水强度 R 之间的幂次关系。需要强调的是,Z～R 关系是许多降水反演算法的基础。Z～R 关系受很多因素的影响,它会随着空间尺度、雨滴大小分布、地面回波产生的雷达噪声、大气中冰雪融化导致的亮带效应、暴雨导致的雷达信号衰减等多种物理作用而发生变化。

地表真实性检验结果表明,基于 TRMM 降水雷达的反演精准度可达 80% 以上,与地基雷达相当。所以,PR 反演结果常被作为"真实值",去评价其他降水反演产品的精度。然而,PR 并非尽善尽美。它的扫描宽度为 216km(轨道抬升后为 247km),观测范围有限。同时,它具有地基雷达的弱点,雷达观测数据的衰减校正和降水估算方法也受到诸多参数不确定性影响,影响的主要因素包括雨滴谱,大气水凝物的相态、密度和形状,成像雷达像元内降水的不均匀分布,由云雾水滴和水汽引起的辐射强度衰减,降水云冻结层的高度,散射截面的不确定性,以及雷达回波信号的变动等。对这些因素按其影响程度的大小进行排列,依次为水凝物相态、雨滴谱、降水云温度和成像雷达像元内降水的不均匀性。这些问题既是雷达降水反演算法的难点,也是当前降水反演研究的前沿问题。

四、多传感器联合方法

大量的对比研究发现,在反演瞬时降水方面微波算法的精准度要高于可见光—红外算法,但是雷达覆盖面积有限,普遍用于小时空尺度降水事件监测,不适合用于大范围降水分布监测。另外,可见光—红外和被动微波观测可获得全球大尺度的降水观测,同时静止卫星具有较高的时间采样频率,在反演连续降水方面可见光—红外算法则具有独特优势。因此,结合不同传感器来源的遥感数据,利用数学或物理原理联合反演大气降水,可以弥补单一传感器数据及反演算法的不足。与之对应的遥感方法,称之为多传感器联合降水估算(Multi—sensor. Precipitation. Estimation,MPE)方法。

多传感器联合反演方法发展于 20 世纪 80 年代。其发展过程可以划分为两个阶段,以 1997 年为分界。第一阶段为初步发展阶段,主要是探讨多传感器联合反演方法,研究区为局地范围,研究时间段较短,采用的数据源以地面测量数据、GEO 和被动微波数据(主要是 SSM/I 数据)为主,反演的降水数据分辨率较粗。1997 年后,多传感器联合反演方法进入了蓬勃发展阶段,随着数据源的多元化,尤其是 TRMM 卫星的发射,MPE 方法逐渐成熟,研究区从局地转为全球,分辨率越来越精细。根据主要数据源的不同,MPE 方法可以分为 PMW－IR、PR－PMW、PR－IR 和 PR－PMW－IR4 类。目前,用于生产全球降水产品的多传感器联合反演方法主要属于 PMW－IR。PMW－IR 可以细分为标定法和云迹法,前者包括 TMPA、NRLB 算法,后者有 CMORPH、GSMAP 算法。PERSIANN 是另一类反演全球降水的算法。

(一)CMORPH 方法

Joyce 等提出了气候预测中心形变算法(CMORPH)。该算法利用 GEO－IR 数据获取云迹信息,对被动微波反演的降水速率进行插值,从而得到空间和时间分辨率分别为 $0.07° \times 0.07°$、30min 的降水产品。在整个计算过程中,降水量完全取决于被动微波,并不依赖于红外数据的大小。红外数据来源于 GOES－8、GOES－10、Meteosat－5、Meteosat－7 以及 GMS－5。被动微波数据源自 TRMM 的微波成像仪(TMI)、美国国防气象卫星(DMSP)系列搭载的特种微波成像仪(SSM/I)和 NOAA 卫星系列搭载的先进微波垂直探测器－B 型(AMSU－B)。该算法先利用被动微波反演得到降水速率,重采样到 $0.07° \times 0.07°$。当被动微波数据有重叠时,如果被动微波来自同一传感器,重叠区域的降水速率用均值代替;如果来自不同传感器,优先用 TMI 反演得到的降水速率,其次是 SSM/I,最后是 AMSU－B;如果有的区域被动微波数据没有覆盖,则对其最邻近像元做反距离加权插值处理,得到降水速率。为与被动微波反演的降水速率匹配,红外数据也重采样到 $0.07°$,在 $5° \times 5°$ 区域内,对 GEO－IR 数据循环地做空间滞后相关处理,计算云的运动速度和方向,得到云平流向量(Cloud. System. Advection. Vectors,CSAVS)。因为在北半球从东向西、从南向北的平流速率太大,所以利用 NEXRAD 雷达降雨数据对 CSAVS 进行校正。利用校正后的 CSAVS 对被动微波反演的降水速率进行插值。

Kubota 等验证了日本周边 CMORPH 算法的精度。研究表明,与其他多传感器联合反演算法对比,其反演结果取得了更好的效果,在某些情况下反演结果甚至优于雷达反演结果。该算法存在的缺点是,由于时间分辨率为 30min,无法检测到在被动微波传感器过境时间之间发生和消散的降水事件。为解决这一问题,研发人员认为可以使用红外传感器针对该情况下的降水事件进行观测,另一个途径是收集更多的不同过境时间的被动微波信息。

(二)TMPA 方法

Huffman 等提出了 TRMM 多卫星降水分析算法(TMPA)。该算法采用一个经过标定的排序方案,将多传感器数据和地面雨量计结合起来,产品的空间和时间分辨率分别为 0.25°×0.25°和 3 小时。该算法采用的传感器数据包括 TMI、AMSR−E、SSM/I、AMSR−E、AMSU−B 和 GEO−IR。在算法中,首先利用 TRMM 联合仪器数据,得到高质量降水数据 HG。对于 GEO−IR 数据,将其转换为 3hr、0.25°×0.25°的 Tb 数据,在 1 个月时间段内,选择 3°×3°窗口,利用时空直方图法,结合 HG 降水速率生成 HQ−IR 标定系数,以此系数校正 Tb 估算降水速率。然后将 HG 降水速率与红外 Tb 估算的降水速率结合起来,结合的原则是:在没有 HG 的降水速率数据的区域用红外 Tb 估算的降水速率,否则用 HG 的降水速率,生成 3B42RT 产品。将 3hr 的降水速率累计为月数据 MS,利用 Huffman 等方法与站点数据结合生成站点结合 SG 数据,计算 SG/MS 比值,将该比值应用到 3 小时的降水速率数据,最终获得 3 小时 0.25°×0.25°的 TRMM3B42 产品。

Huffman 等指出 TMPA 在月尺度上对降水变化过程的反演结果与地面气象台站观测结果大体一致;在小尺度上能够重现基于地面观测的降水过程,却不能很好反演历时短、降水量小的过程,但是可以用来研究降水量日变化过程。

(三)GSMAP 方法

Okamoto 等提出 GSMAP 计划,目的是利用卫星数据研发基于物理模型反演降水速率的算法,生产全球高精度、高分辨率的降水产品。GS-MAP 计划包括很多种产品,GSMAP_MWR 产品就是其中的一种,它融合了 TMI、AMSR－E、AMSR 和 SSM/I 数据)。该方法利用 TRMM 数据的各种属性,根据 PR、雨区和无雨区的分类,以及散射算法,得到水凝物廓线。利用 37GHz 和 85.5GHz 的极化订正温度(PCT),结合散射算法来估算地表降雨。对于强降水使用 PCT37,对于弱降水使用 PCT85。GSMAP_MVK 是由 Ushio 等和 Aonashi 等基于 CMORPH 算法提出的,

数据源与 GSMAP_MWR 的相同。该算法利用 GEO－IR 数据获得云平流矢量,对被动微波反演的降水速率进行插值,最后用卡尔曼滤波得到空间与时间分辨率分别为 $0.1° \times 0.1°$、1 小时的降水产品。

Aonashi 等将 GSMAP 与 TRMMPR 和 GPROF 反演结果进行比较,结果显示,在陆地及海岸地区,对于降水强度为 3～10mm/h 的降水,GSMAP 反演结果与 PR 结果一致性更好;高估(低估)雨强大于 10mm/h (小于 3mm/h)的降水。在陆地及海岸地区,GSMAP 与 PR 的相关系数为 0.6923～0.7677,在海洋上为 0.6233～0.7075。

(四)NRLB 方法

NRLB 是由美国海军研究实验室开发的反演降水算法。NRLB 基于 GEO－IR 和 PMW 所有匹配像元,形成红外 Tb 降水速率查找表(look. up. table,LUT),最终得到空间与时间分辨率分别为 $0.25° \times 0.25°$、3 小时的降水产品。该算法利用被动微波反演得到降水速率,以 TRMM－PR 为参照数据,在没有该数据的区域,以 SMMI 数据为参照数据,利用直方图频率匹配法将其他 PMW 反演的降水速率的统一到参照数据,保证被动微波降水速率的有效性。然后将所有 GEO－IR 数据转换为 3 小时、$0.25° \times 0.25°$ 的 Tb 数据,在以 $2° \times 2°$ 像元为中心的 3×3 窗口区域内,被动微波反演的降水速率与时间(观测时间前后 15 分钟时段内)、空间一致的 Tb 建立概率匹配关系,获得 Tb 降水速率 LUT,将 LUT 应用于 GEO－IR,获取全球降水产品。随着全球运行的被动微波和 GEO－IR 数据,全球 LUT 不断进行更新,精于实时不断地生产降水产品。

(五)PERSIANN 方法

PERSIANN 最初由 Hsu 等提出,以 AMEDAS、NEXRAD 地基雷达

数据为参照数据,以 GMS 红外 Tb 数据,用自组织结构图(Self－Organizing. Feature. Map,SOFM)方法计算获得的 6 个参数为输入变量,利用神经网络方法,反演 $0.25° \times 0.25°$、3 小时的降水产品。Sorooshian 等又提出 PERSIANN 改进算法。与 PERSIANN 方法不同之处是,利用被动微波对输入参数做验证和校正,最终反演得到 $0.25° \times 0.25°$、0.5 小时的降水速率产品。PERSIANNCCS(PERSIANN. Cloud. Classification. System,PERSIANNCCS)是在 PERSIANN 算法基础上,增加了云分类系统和 Tb 降水速率关系校正过程。PERSIANNCCS 算法以 GEO－IR 为数据源,利用渐增温度阈值法(Incremental. Temperature. Threshold,ITT)将影像分为两类:云和非云。对云像元提取云结构信息,共包括 9 个参数。然后用 GOES－IR 数据和雷达数据对这 9 个参数做校正,校正后将其作为输入参数,以雷达数据为参照数据,用 SOFM 方法对云进行分类。而且在云的不同阶段,赋予不同的 Tb 降水速率关系,最终得到半小时、$0.04° \times 0.04°$降水产品。Sorooshian 等在热带地区(30°S～30°N)对 PERSIANN 改进算法进行了精度检验结果显示,在 $5° \times 5°$尺度上,PERSIANN 与站点数据(像元内站点个数大于 10)的 R^2 达 0.9,均方根误差为 59.61mm/month;在 $1° \times 1°$尺度上,PERSIANN 与地面雷达数据的相关系数为 $0.68～0.77$,均方根误差为 $5.23～8.09$mm/day,偏差为 $-0.70～0.93$mm/day。Hong 等在 25°N～45°N,100°W～120°W 地区,对 PERSIANNCCS 算法进行了精度检验,结果显示,在 $0.04° \times 0.04°$、$0.12° \times 0.12°$、$0.24° \times 0.24°$、$0.50° \times 0.50°$、$1° \times 1°$不同空间尺度上,PERSIANNCCS 与雷达数据的 R^2 逐渐增大($0.613～0.880$),均方根误差逐渐减小($6.93～2.25$mm/day)。

(六)PEHRPP 计划

2007 年末,WMO 组织倡导并建立了高分辨率卫星反演降水评估计划(Programto Evaluatehigh－Resolution Precipitation Products,PEHRPP)。PEHRPP 鼓励产品验证研究者和产品开发研究者进行数据集交换和分享,目的是评价不同时空尺度上、不同下垫面和不同气候情形下高分辨率降水产品(High. Resolution. Precipitation. Products,HRPPS)的精度。这不仅可以促进开发者提高 HRPPS 的质量,而且促进使用者对

HRPPS 的了解。Sapiano 和 Arkin 利用地面站点对 CMORPH、TMPA、NRL－Blended、PERSIANN4 种高分辨率降水产品做了比较对照。结果显示,这 4 种产品均可以再现降水日变化特征;因为 TMPA 经过地面站点校正,偏差相对较小,而其他产品在陆地和海洋上偏差均相对较大;这 4 种产品在美国地区热季时均存在高估现象,而在热带太平洋区域存在低估现象;CMORPH 与参照数据的相关系数最高达 0.7。Sohn 等利用 2003～2006 年 6～8 月韩国降水数据,检验了 4 种降水产品(CMORPH、TMPA、NRL－Blended、PERSIANN)的精度。结果显示,因为 TMPA 经过地面站点校正,与实测数据最接近,但是这种校正会导致弱、中降水反演存在高估现象;其他 3 种产品存在明显低估现象,其降水日变化曲线明显低于测量数据,其中 CMORPH 与实测数据最接近。Kubota 等利用自动气象数据采集系统数据集,检验了日本地区 5 种算法(GSMAP、TM-PA、CMORPH、PERSIANN 和 NRL－Blended)得到的数据产品精度。结果显示,GSMAP 和 CMORPH 产品的精度比其他产品要高;这 5 种产品在海洋上精度最高,在山区最低;在海岸线和小岛屿精度相对较低,这是被动微波反演精度低所造成的。总体看来,所有产品对温暖地区的弱降水和极强降水的估算情况都较差。

第四章　地表蒸散与海洋水文遥感

第一节　地表蒸散遥感

地表蒸散包括地表的水分蒸发,及通过植物表面和植物体内的水分蒸腾两部分,它是土壤-植物-大气系统中能量水分传输及转换的主要途径。在到达地面的太阳辐射中,48%被消耗于蒸散过程;其中陆地上64%的降水以蒸散方式重新进入大气,参与地球水循环。由于水分由液体变成气体的过程需要吸收热量,因此蒸散过程的汽化潜热也是热量平衡的主要。地表的热量和水分收支状况在很大程度上决定着自然环境的组成和演变,深刻地认识蒸散过程,有助于我们更深入地认识陆面变化过程,对于了解大范围的能量平衡和水分循环具有重要意义,科学地评估气候和人类活动对自然及人类生态系统的影响。

地表蒸散是地表水分进入大气的唯一方式,大气水分则以降水方式返回地表,构成最基本的地球水循环结构。在太阳辐射等能量驱动作用下,全球水循环动态变化过程不断地得以维系。在大气中,水汽是大气热辐射的吸收与放射过程中的一个重要组分;在地球表面,地表蒸散的降温效应则降低了因吸收太阳辐射和大气热辐射而产生的地表增温,这部分能量以潜热形式,输送到大气中。地表水汽上升到大气中,进而凝结,所释放的能量加热了大气,并驱动大气环流。对比海洋与陆地,海洋的最大蒸发量要超过南美地区最大蒸发量 30%,而大西洋的降水量只是南美地区的一半。大西洋与印度洋是大气湿度的主要来源,而太平洋的降水和蒸发则几乎处于平衡。

和地球水循环的其他组分相比,地表蒸散过程受诸多复杂因素的影响,例如太阳辐射、气温、湿度、风速以及地表覆被等。尽管早在 1802 年 Dalton 就提出了蒸发计算公式,人们也发明了蒸发皿、蒸渗仪和涡度相关系统等仪器设备来测量蒸散,但至今有关蒸散的估算方法和观测技术在精度上都还存在一定问题,属于水文学难点之一。虽然蒸发皿、蒸渗仪和涡度相关系统等可以相对准确地测量均匀下垫面的蒸散量,但在较大空间尺度上,由于陆面特征和水热传输的非均匀性,准确地估算区域和全球蒸散还很困难,被美国科学院称为"21 世纪水文学的挑战"。

本节分为 4 个部分。第一部分介绍地表蒸散的物理基础,包括作为宏观背景的地表覆被类型和大气边界层结构,蒸散的物理过程与物理原理,蒸散的度量指标与表示方法,及蒸散影响要素与电磁波之间的相互作用特性。第二部分简要地介绍地表蒸散的遥感反演方法,主要包括可见光—红外、热红外、主被动微波以及多传感器联合反演的基本原理与主要方法。第三部分概述地表蒸散的地面观测方法,进而从不同角度阐述遥感反演蒸散的精度检验方法。第四部分简述已有的全球地表蒸散数据产品,结合实际应用案例,阐明蒸散产品的区域应用价值和蒸散的全球分布特征。

地表覆被的多样性及地表蒸散影响因素的复杂性,使得地表蒸散的宏观观测成为一个十分具有挑战性的任务。自 20 世纪 60 年代,人们就提出利用遥感技术来估算陆表实际蒸散,并进行了有益的尝试。随着 1978 年热容量制图卫星(Heat. Capacity. Mapping. Mission,HCMM)和极轨气象卫星泰诺斯—N(TIROS—N)的发射,遥感数据才真正用于估算地表通量(蒸散)。实际上,卫星遥感技术并不能直接测量地表蒸散,而是测量与蒸散计算有关的环境参数,依此来推算地表蒸散。与传统的气象学和水文学估算方法相比,遥感技术可以实现对地表蒸散的大范围、高密度监测,对于资料稀缺地区而言,具有不可替代的优势。随着蒸散理论和遥感技术的进一步发展成熟,蒸散遥感方法逐步发展起来,并在陆表蒸散和海洋蒸发研究中发挥了不可替代的作用。

从陆表蒸散的研究情况来看,大多数遥感反演方法采用了可见光、近红外和热红外波段的数据。其中,可见光和近红外波段主要提供地表反照率、植被指数和土壤水分等地表信息,而热红外波段则主要提供地表的温度信息。利用微波数据的全天候观测能力以及对地表粗糙度和温度的敏感性,通过获取地表水分和地表温度等信息来反演地表蒸散,是陆表蒸散遥感发展的新趋势。海洋蒸发遥感方法相对单一,主要运用的是多波段数据联合反演。根据蒸散遥感反演所用不同波段数据的特点,将陆表蒸散反演方法分为可见光/近红外方法、热红外方法、微波方法以及多波段联合反演方法,对海洋蒸发遥感方法予以单独介绍。

一、可见光—近红外遥感方法

在可见光和近红外波段,利用地物的反射和吸收特征,结合多光谱遥感数据,人们发展了很多遥感指数,例如土壤水分指数和植被指数(Vegetation. Index,VI)等。其中,归一化差异性植被指数(Normalized. Difference. Vegetation. Index,NDVI)和增强型植被指数(Enhanced. Vegetation. Index,EVI)应用得最为广泛。植被指数主要是利用植被冠层在红光波段的吸收特征和近红外波段的反射特征,利用这两个波段之间的差值或比值,增强植被的光谱信息。虽然植被指数本身并非一个具有严格物理意义的参数,但它与叶面积指数(LAI)等植被的生理生态参数之间,存在一定的线性或非线性统计关系,因而在地表蒸散遥感中,是最受关注的参数之一。

可见光—近红外遥感蒸散的主要途径是,通过构建植被指数与地表蒸散量或用于计算地表蒸散量的关键参数之间的数量关系,进而利用这一数量关系,反演区域地表蒸散量。与土壤水分可见光—近红外遥感类似,由于遥感数据受大气和传感器观测角度等因素的影响,在进行遥感反演时,需要对遥感数据进行辐射校正。在有关光学遥感的教科书中,有关于辐射校正方法的详细介绍,这里不再赘述。根据反演原理的不同,可将可见光—近红外遥感蒸散方法分为蒸散与植被指数关系法及基于蒸散计算物理公式的方法。

(一)蒸散与植被指数关系法

从原理上讲,蒸散与植被指数关系法主要是采用地面点位观测的蒸散和相关环境数据,对地表蒸散量与植被指数进行拟合分析,然后利用遥感影像和所得到的拟合关系,获得所在研究区域的地表蒸散量。其中,所采用的拟合公式可以包括一元或多元、一次或多次等各种统计回归方程。

蒸散量与植被指数统计关系法在农田和自然生态系统中都得到了成功的检验,均方根误差小于$50W/m^2$,相对误差为$15\%\sim30\%$。与能量平衡法等具有复杂参数和物理机制的模型相比,基于蒸散量与植被指数之间统计关系的方法取得相对更高的反演精度,但这种方法的缺陷也是显而易见的。首先,根据观测数据所建立的统计关系仅仅对所在研究地域的某类生态系统有效,不宜直接移植到其他地域、其他类型的生态系统,因此缺乏普适性。其次,植被指数与蒸散量之间的关系可以捕捉周尺度、月尺度或年尺度变化,无法捕捉小时尺度和日尺度的变化。最后,统计方法可以用于监测地表蒸散变化,但不能用来预测蒸散的未来变化。NDVI与地表年蒸散量和作物蒸散系数之间的统计关系分析表明,与直接建立植被指数与蒸散量之间的统计关系相比,建立与蒸散系数之间的统计关系,进而结合P—M模型或P—T模型,所获得的反演结果可能更为可靠。

(二)基于蒸散计算物理公式的方法

植被指数(VI)本身并不具有十分严谨的物理意义,它的应用必然带有经验性,并限于某些特定的研究对象。因此,有必要结合具有物理基础的蒸散计算公式,增强植被指数方法的物理基础和准确性。

用植被指数替换国际粮农组织(FAO)推荐使用的农作物蒸散公式中的经验性作物蒸散系数,是利用植被指数和机理模型来估算农作物蒸散的最直接方法。

一般而言,自然生态系统比农田生态系统具有更多的物种,而且农田生态系统的水分供给状况相对要好,因此将由农田生态系统发展而来的蒸散反演方法用于自然生态系统时,反演精度可能会有所降低,但仍然得到了广泛的应用,包括雨林、极地苔原和针叶林、半干旱草原和灌丛等,涉及区域尺度、大陆尺度和全球尺度等。

二、热红外遥感方法

热红外遥感可直接反映地表的能量特性及变化过程,而地表气温和地面温度之间的温度梯度是地表蒸散过程最主要的驱动力。因此,利用热红外遥感特性来估算地表蒸散,很早就得到了人们的注意。热红外遥感也成为在遥感各波段中最早用于估算地表蒸散的一类方法。虽然已经发展了数种基于遥感反演温度的蒸散估算方法,但这些方法基本上还是以地表能量平衡原理为核心原理。

(一)地表温度差值法

Jackson 等基于简化的蒸散模型,利用位于美国亚利桑那州的一个灌溉小麦地里蒸渗仪的观测数据,建立了日蒸散量与地气温度差之间的线性统计关系,最先提出了地表温度差值法。这里的温度差值是指午间时段某一时刻的地表气温与地面温度之间的温度差。

差值法的主要特点是原理简单,不需要详细考虑大气湍流过程,在日尺度上忽略土壤热通量,所需气象观测参数少,地面温度数据容易获取,易于使用,该方法在 20 世纪 80~90 年代得到了较多的应用。不足之处在于,蒸散量为日值,不能反映小时尺度的变化;由于式中拟合系数的经验性,不宜将得到的拟合系数直接移植到其他地方或植被类型;由于拟合系数依赖于地表粗糙度和大气稳定度,在应用于地表空间异质性显著的区域时,要谨慎使用反演结果,对反演结果进行充分的检验。总体上看,利用这种方法反演得到的精度为 20%~30%或±1mm/day。

(二)归一化差异性温度指数法

Mcvicar 和 Jupp 提出利用归一化差异性温度指数(Normalized. Difference. temperature. Index,NDTI),结合潜在蒸散(E)计算公式,来估算地表实际蒸散量。若给定能量平衡模型或公式,进而结合地面温度的遥感影像,可以得到 NDTI 的区域分布。在给定潜在蒸散量的情况下,求得区域蒸散量的分布。至今,应用案例还不够多,尚需要对该方法进行更多的应用实践和精度检验。

(三)蒸散互补原理法

Venturini 等根据蒸散互补原理,指出相对蒸发可以约化为实际温度(T)与露点温度(Ta)之间的归一化指数。虽然蒸散互补原理法与 NDTI 方法在原理上不同,但在形式上两者十分相似,区别在于前者利用了露点温度与实际温度之间的变化,而后者利用了地表阻抗为零和无穷大条件下地面温度之间的差异。目前还不清楚究竟哪一种方法更好或更适用于何种条件。从仅有的研究案例来看,利用蒸散互补原理法获得的遥感反演误差为 15%,需要开展更多的应用实践和比较分析研究。

(四)三温模型法

Qiu 等以地表辐射平衡方程和地表热量传输方程为基础,以干燥且无蒸发的土壤为参考土壤,以干燥且无蒸腾的植被为参考植被,剔除地表热量传输方程中难以准确计算的空气动力学阻抗,得到关于土壤蒸发和植被蒸腾的计算模型,并在日本鸟取大学干燥地研究中心开展了田间尺度的实验研究,实验涉及的作物包括高粱、甜瓜、番茄等。该模型的核心是采用表面实测温度、表面参考温度和地表气温 3 种温度,故简称为三温模型。

三温模型法的主要特点是不需要确定动力学阻抗,模型输入参数较少,并且大多参数可通过遥感数据来获取。已有案例表明,利用中午过境的遥感数据反演地表蒸散量时,该方法的反演精度较高。目前存在的主要问题是:虽然有关参考土壤和参考植被的计算参数可以在田间尺度实测获得,但在大尺度应用时难以实现。此外,该方法在估算早间和傍晚的蒸散时存在较大的误差,这与温度比值对于低辐射条件过于敏感有关。尽管三温模型法不失为一种简洁的反演方法,在用于遥感监测时还需要更多的实践检验。

(五)能量剩余法

人们为此提出了冗余阻抗的概念,并发展了多种参数化方法,以消除这两种温度之间的差别。剩余阻抗法建立在较为严谨的能量平衡原理和气象学原理之上,长期以来在气象、水文和遥感等领域得到了广泛的关注,得以不断地改进和完善。早期的剩余阻抗法没有将裸土蒸发与植被蒸腾予以分开,故而也被称为单源模型。

为了解决裸土蒸发与植被蒸腾过程的差异性问题,Norman等提出了双源模型。双源模型将陆地表面分为土壤和植被两大类,对辐射通量和定向辐射温度进行分解,建立组分能量平衡方程,计算密集植被覆盖或湿润环境下组分温度和热通量的初始值;通过联立方程组,求解组分热通量和相关过程的参数。通过获取2个不同观测角度的遥感辐射温度数据,就可以联立求解这2个组分温度。由于双源模型在处理空间异质性问题上的有效性,在模型改进与验证以及区域蒸散应用等方面,得到了长足发展。此外,双源模型所具有的结构和参数复杂性,使其存在较多限制,在全球尺度遥感反演上存在较大困难。

三、微波遥感方法

Choudhury利用Baumgartner和Reichel在The. World. Water. Balance中提供的全球蒸散数据,以及Nimbus—7搭载的扫描式多通道微波辐射计(the. Scanning. Multichannel. Microwave. Radiomeler,SMMR)37GHz数据,在75°N~55°S范围内,将全球数据按照每5°为一个地带进行平均,发现垂直极化与水平极化的亮温之差和实际年蒸散量之间,存在一致性关系。Min和Lin在微波地表发射率差异性植被指数(Emissivity. Difference. Vegetation. Index,EDVI)的基础上,利用位于美国曼彻斯特北部的哈佛森林环境监测站的辐射与湍流通量数据,发现EDVI与土壤水分之积呈现高相关。

垂直极化波段的EDVI与土壤水分之积与地表蒸散量之间的关系Li等利用EDVI指数,对影响冠层阻抗的3个要素(饱和水汽压差、植物水势和环境二氧化碳浓度)进行参数化,计算地表蒸散。利用SSM/IF13和F14微波数据,获得了哈佛森林环境监测站点169个样本的地表蒸散量,相关系数为 0.83，均方根误差为 $79.6\mathrm{W/m^2}$，相对误差小于 30％。尽管反演误差较大，但微波能穿透云层，受大气影响较小，可以有效地补充光学遥感影像的不足，增加卫星对地观测的频次，有助于捕捉地表蒸散的日内变化；另外，由于微波能够穿透植被，与 EVI 和 NDVI 等植被指数相比，EDVI 更不容易出现饱和，因此能更有效地反映植被信息。同时也应注意到，被动微波数据的空间分辨率往往过低（10～100km），将微波手段用于区域和全球尺度的蒸散反演方面还存在很多研究空白，有待填补。

四、多传感器联合方法

多传感器联合是地表蒸散最主要的遥感反演方式，这与地表蒸散过程的特点有着密切的关系。地表蒸散既涉及短波和长波等地表能量平衡过程，也涉及从液态到气态的相变过程。而地表水分的相变过程，既涉及大气的状态变化和运动过程，也涉及地表的生物属性和物理属性，包括植被冠层结构、地表反照率、粗糙度和水分含量等。由于各自然环境要素在各电磁波段上表现出千差万别的特性，因此，综合选择和利用不同波段的电磁特性，发挥来自不同传感器的遥感数据特长，成为反演具有复杂影响因素地表蒸散的必然途径。

（一）可见光－近红外与热红外联合

将可见光－近红外波段与热红外波段的遥感信息结合起来，是最早发展起来的地表蒸散反演方法，也是目前为止使用最多的方法。建立这类方法的主要原理与方式有两种。对于第一种方式而言，利用可见光－近红外波段能较好地反映地表覆被特征以及热红外波段能反映地表的热力学特性，获得地表反照率、植被覆盖度和地面温度等信息，直接作为所使用蒸散计算公式的数据输入。对于第二种方式而言，可见光与热红外波段数据分别提供了地表的水热分布信息，利用可见光－近红外波段与热红外波段信息之间的空间分布关系，将经典蒸散计算公式中涉及的阻抗等难以测定参数转化为可测量参数，可优化或改进经典蒸散计算公式，在此基础上求得地表蒸散。根据目前算法应用程度的广泛性，下面简要介绍植被指数—地面温度三角关系法、地表反照率—地面温度关系法、SEBAL 算法和 SEBS 算法及 MODIS16 产品蒸散反演算法。

植被指数—地面温度三角关系法植被指数—地面温度三角关系法既属于可见光—近红外与热红外联合方法，也是一种使用简单、可操作性强的方法，因而得到广泛应用。它的发展离不开人们对植被指数—地面温度之间三角关系的发现与研究发掘。这里的植被指数可以是各种植被指数，包括 NDVI 和植被覆盖度等。Goward 等利用 HCMM 卫星的热红外数据和 Landsat—3MSS 反射波段数据，发现对应像元的绿度值与热红外数值之间似乎存在十分明显的关系，这种关系可能表征着地表水分通量的空气动力学阻抗和表面阻抗。Hope 等运用一个土壤—植物—大气连续体模型，模拟分析了大豆作物的光谱反射率、热辐射与地表蒸散之间的关系。结果表明，理论上可以根据地面辐射温度与 NDVI 之间的关系估算作物阻抗。Price 和 Carlson 的研究进一步表明，遥感影像的对应像元在植被指数）和亮温（地面温度）的坐标系中，呈现一个近似三角形的分布区域。Carlson 等引入了"三角"一词来表示植被指数与地面温度之间的关系。Gillies 和 Carlson 明确提出用"普遍性三角"来表达这一特征，并明确指出三角形的外包线为热边界。同期，Moran 等根据作物水分胁迫指数（Crop. Water. Stress. Index，CWSI）的概念指出，植被指数与地气温差之间构成一个梯形分布的特征空间，即运用气象资料和 P—M 公式计算该梯形空间的 4 个顶点，可分别代表水分条件充分且植被覆盖完全、水分条件充分且完全裸地、水分条件亏缺且植被覆盖完全、水分条件亏缺且完全裸地这 4 种情况。Carlson 回顾了关于植被指数与地表温度之间三角关系的发展历程，结合土壤—植被—大气传输（Soil—Vegetation—Atmosphere. Transfer，SVAT）模型的模拟结果认为，三角关系与梯形空间分布本质上是一回事，后者可以归为前者的特例。干边是指所有干点的集合，而干点是指在给定植被指数条件下地面温度最高、土壤水分有效性最低和地表蒸散最低的像元。湿边是指所有湿点的集合，是指在给定植被指数条件下地面温度最低、地表土壤水分充足和地表蒸散最高的像元。

一般而言,遥感影像中应包括表层土壤含水量从较低情况(例如萎蔫含水量)到较高情况,且地表类型应从裸土到植被完全覆盖的情况。在这种情况下,地面温度—植被指数的特征空间才容易呈现三角形或梯形分布。

在早期,植被指数—地面温度之间三角关系多被用于估算地表土壤水分。Price在估算美国南部大草原的土壤水分时指出,可以利用ND-VI—地面温度之间的反比关系来推算瞬时蒸散量,但没有给出具体案例。Carlson等在美国宾夕法尼亚中部地区估算土壤水分含量时,指出利用三角关系法估算地表水热通量的可能性。

利用P—M蒸散计算公式,结合地面温度与植被指数所构成的梯形空间,分别计算梯形空间4个顶点所代表4种极端条件下的蒸散,从而获得梯形空间内像元的蒸散值,并估算了美国亚利桑那州东南部半干旱地区草地的蒸散量,均方根误差为29W/m^2。Gillies等运用航空遥感获得的可见光、近红外和热红外数据,采用植被指数—地面辐射温度三角关系法和SVAT模型,估算了美国堪萨斯州孔扎草原的蒸散量,均方根误差为25~55W/m^2,相对误差为10%~30%。Jiang和Islam采用NDVI与地面温度的三角关系,对P—T蒸散计算公式进行了参数化,基于AVHRRNOAA—14数据估算了美国南部大草原的蒸散量,均方根误差为36.5W/m^2。Nishida等根据蒸散互补关系式,推导了裸土和植被表面的蒸散比(Evpotative. Fluxratlo, EF)(蒸散与可利用能量之比)计算公式,并引入植被覆盖度解决不完全覆被地表的蒸散计算问题,进而根据植被指数—地面温度三角关系来推算算法所需的气温、土壤温度和最大土壤温度,并利用AmerIFlux地表通量铁塔数据对反演结果进行评估,均方根误差为45W/m^2。

在整个估算过程中,通常用三角特征空间中的最低有效温度来确定湿边。在各种利用地面温度—植被指数三角关系的方法中,由于基于P—T蒸散公式的三角关系方法在应用上最为简单,所以在区域地表蒸散研究中得到了十分广泛的应用。

地表反照率—地面温度关系法　Roerlnk等首次运用地表反射率与地

面温度之间的特征空间,建立任一像元的一组地面温度(T)和反射率(R)与地表蒸散比(EF)之间的关系,再结合可利用能量(R−G)来估算地表蒸散量,称之为简化的地表能量平衡指数法(Simplified. Surface. Energy. Balance. Index,S−SEBI)。与植被指数—地面温度三角关系法类似,地表反射率—地面温度关系法也需要确定上下包线。其中上包线表示辐射控制条件,随着地表反射率增加,地面温度呈下降趋势;而下包线表示蒸散控制条件,在地表水分充足的情况下,由于蒸散的存在地面温度增加但十分有限。由此,可以获得遥感影像所有像元的蒸散比,再与各像元的地表可利用能量相乘,即可得到遥感影像范围内的地表蒸散量。

1997 年 8 月 23 日的 Landsat. TM 影像绘制的意大利托斯卡纳区地表反射率与地面温度的特征空间 Roerlnk 等在意大利托斯卡纳区,利用 1997 年 8 月 23 日获取的一景 Landsat. TM 影像,使用 S−SEBI 法反演的地表蒸散。基于涡度相关系统、大孔径闪烁仪和波文比的田间测量结果进行检验,分析表明反演结果与田间测量结果之间的最大差异为 8%。Verstraeten 等利用 1997 年 8 个月的 NOAA 数据反演了地表蒸散,选择 Euro. Flux 通量观测网 14 个站点的测量数据作为参照,结果表明均方根误差为 35W/m^2,相对误差为 24%。Sobrino 等利用高分辨率数字式航空成像光谱仪数据,获得了西班牙 Barrax 试验地的日蒸散量反演结果,实验表明绝对误差低于 1mm/day。Mattar 等研究表明,使用反射率而不是使用反照率,会降低 S−SEBI 方法的蒸散反演精度,相对差异可达 5%～15%。

SEBAL 和 SEBS 算法植被指数—地面温度三角关系法和地表反射率—地面温度法具有原理简单、需要输入参数少、易于实施等优点,因而在区域蒸散研究中得到了广泛的应用。另外,在实践中得到广泛应用的反演方法还有陆表能量平衡算法(Suface. Energy. Balance. algorithm. for. Land,SEBAL)和地表能量平衡系统算法(Surface. Energy. Balance. System,SEBS)等,它们在模型结构和参数化方面都更为复杂,并涉及大气边界层的相关理论知识。对于非专业人员而言,正确使用此类方法的难度较大。另外,包括地表反照率—地面温度关系法在内,这 3 种方法是由同一个研究团队的荷兰科学家先后提出来的。

SEBAL 算法由 Bastiaanssen 等提出。该算法利用可见光、近红外和热红外遥感数据,反演地表反照率、NDVI、地表比辐射率、地表温度等参数;根据干点和湿点的地表特征状况,建立遥感像元的地面温度与地气温差之间的线性关系;结合大气温度、风速和大气透过率及植被高度等信息,得到不同地表覆被类型的净辐射通量、土壤热通量和感热通量,用能量剩余法得到潜热通量(蒸散)。在全球多种气候条件下,该算法在田间尺度和流域尺度上进行了检验,日均蒸散量的相对精度约 85%,而季节尺度的相对精度约 95%。

SEBS 算法由 Su 提出。该算法利用遥感数据反演的地表反照率、发射率、地面温度、植被覆盖度和叶面积指数等提出计算不完全植被覆被条件下的计算公式以确定热量传输的粗糙长度,减小在反演大尺度非均匀地表时由热量传输的粗糙长度不确定性所带来的误差;根据 Monin－Obukhove 的湍流相似理论,利用风速、气温和地面温度等计算地表感热通量,结合干、湿像元的能量平衡,求得蒸散比,从而确定地表潜热通量。与定位实测数据相比,SEBS 反演结果具有 10%~15% 的不确定性。

从前述的 4 种蒸散反演方法来看,可见光和红外波段数据提供了地表反射率、植被指数与地面温度等信息以及这些参数之间的关系,为克服经典蒸散计算公式中存在的难点提供了新的解决途径。例如,将阻抗等转化为最大温度和最小温度的函数,从而使得区域蒸散估算更具有可操作性。具体而言,这类方法所依据的基本原理仍然是基于能量平衡原理的蒸散计算公式,通过估算极端水热条件下(干、湿、热、冷)的蒸散量,给出蒸散量的变化区间;再结合遥感影像所提供单一像元所代表的水热条件在该区间中的位置,进而确定该像元的蒸散量,最终得到该区域的蒸散量。这类方法具有共同相似的假设条件,即在所研究的遥感影像空间范围内,气象条件和地表净辐射保持相对不变,而且地表干湿状况变幅大,以保证干点和湿点的存在。各种方法的不同之处在于如何定义干/热点和湿/冷点,以及如何确定干/热边和湿/冷边。Moran 等认为植被指数—

地面温度所组成梯形空间的 4 个顶点分别代表干、湿、热、冷 4 种极端情况，利用气象观测数据和 P—M 公式计算 4 个顶点的蒸散量，然后再通过植被指数—地面温度来确定遥感像元在梯形空间的位置，进而求得各像元所代表的地表蒸散量。Jiang 和 Islam 则不采用地面气象观测数据，也不对 4 种极端情况进行估算，而是直接通过遥感像元所构成的植被指数—地面温度三角分布空间，确定干边和湿边等外包线，通过改进 P—T 蒸散计算公式，实现对各像元所代表地表的蒸散估算。Nishida 等虽然采用了植被指数—地面温度的梯形空间，但采用了不同的蒸散计算方法，即蒸散互补原理，所推导得到的蒸散计算公式与 Jiang 和 Islam 方法十分相似，都是地面温度的归一化差异性指数，两者之间的不同之处在于所界定极端温度的物理含义略有不同。

MODIS16 产品算法 MODIS16 全球蒸散产品算法是由美国的 Steven. W. Running 研究团队逐渐发展起来的。该算法的主要原理是 Penman—Monteith 模型，利用遥感数据对地表阻抗等模型参数进行参数化。气象数据来源于全球模拟与同化机构（Global. Modelling. and. Assimilation. OffICE, GMAO），其他输入数据来自 MODIS 地表覆被、LAI、NDVI/EVI 指数以及地面温度等产品。其中，LAI 产品用于估算表面导度（表面阻抗的倒数。植被指数用于计算植被覆盖度，用以处理裸地和植被的混合地表，并考虑饱和水汽压差和最低温度对植被冠层导度的影响。Running 研究团队运用该算法生产了全球蒸散产品，与全球通量网站 Fluxnet 地表通量观测数据相比，反演误差约为 0.4mm/day。截止目前，MODIS 全球蒸散产品已经在多个区域进行了检测。

总体而言，可见光和红外波段联合反演方法已得到了长足发展，出现了多种方法，并由此广泛地应用于区域性和全球尺度研究。需要注意的是，不同的可见光和红外波段联合方法采用了不同的假设条件，模型结构的复杂程度也不同，它们在空间尺度和参数处理等方面也具有一定局限性。例如，地面温度和反照率等参数均具有空间异质性，作为蒸散反演算法的输入项，不同空间分辨率数据可能会影响反演结果。目前普遍采取裸土与植被二分法处理地表异质性问题,但地表覆被类型众多,二分法能在多大程度上满足陆表蒸散反演精度的需要,尚需深入探讨。另外,尽管在各项输入数据中都会存在一定误差,但基于 SEBAL 的应用研究发现,NDVI 与 ET 反演结果之间存在十分一致的曲线关系,说明反演方法中存在着异参同效的问题,即不同的参数化方法导致同样的反演结果。此外,由于可见光和红外波段的遥感数据受到大气状态、太阳位置和卫星传感器观测角等因素的影响,直接使用 L1 级多波段遥感数据,可能会影响地表反射率、植被指数和地面温度,进而影响到蒸散反演结果,因此,一般有必要对遥感数据进行辐射校正和大气校正。在 Jiang 和 Islam 和 Nish-ida 等方法中,都采用了 NDTI。Peng 等运用热红外辐射传输模型,通过理论分析发现,在大气相对均匀条件下,在大气水汽和有效气温及地表发射率的一定变化范围内,可以直接利用大气顶层辐射(即卫星传感器热红外波段 L1 级数据)来计算 NDTI,而不需要进行辐射校正和大气校正。

(二)光学－红外－微波联合

Chanzy 等运用一个非饱和、非等温的水热耦合运动模型,模拟了土壤水势和温度剖面及土壤表面的水热通量,针对 Chanzy 和 Brucker 提出的、利用表层土壤水分和气象数据估算日蒸发量的一个简化模型,分析了利用该模型和近红外及微波遥感数据联合反演土壤蒸发的可能性和不确定性。分析认为,使用同步观测的微波与热红外数据可以反推该模型所必需的经验参数,而且即使输入数据存在误差,反演模型也能够区分不同土壤之间的蒸发差异性。此研究属于模拟分析,并未使用实际的遥感数据进行案例解析。

由于光学和红外数据易于受大气因素影响,目前广泛使用的光学和红外遥感蒸散反演方法难于用于云雾等天气条件。考虑到微波不易受云雾天气的影响,Kustus 等将基于地面辐射温度的双源蒸散估算模型进行修改,通过建立地表阻抗与土壤水分之间的定量关系,用表层土壤水分替换地面辐射温度,以便于利用微波数据反演的土壤水分数据来估算地表蒸散。在美国亚利桑那州南部的 WalnutGulch 流域,采用地面分辨率为

200m 的 L 波段航空微波数据估算土壤水分,利用 LandsatTM 数据来计算 NDVI 和 LAI,获得了地表通量。与地面通量观测数据相比,潜热通量的反演不确定性为 20%～30%。进一步分析表明,缀块尺度和区域尺度的不确定性分别为 20% 和 15%。在高植被覆盖区,与基于地面辐射温度的反演模型相比,LAI 误差对基于微波土壤水分的模型所反演结果的影响要小。Li 等分析表明,基于微波土壤水分的模型会低估地表蒸散,而基于地面辐射温度的模型则趋于高估,两种反演结果的平均值更接近于观测值。

对于卫星遥感而言,由于被动微波的空间分辨率往往为数十千米。与光学和红外遥感数据相比,目前还难以满足地表蒸散的估算要求,需要将粗分辨率的土壤水分数据进行降尺度转换,然而这方面的研究尚处于探索之中。另外,卫星微波遥感易于受到噪声干扰,也成为一个限制性因素。因此,有关将卫星微波遥感与光学和红外遥感相结合的蒸散反演研究,仍然十分缺乏。

五、海洋蒸发遥感方法

海洋面积约占地表面积的 70.8%,占全球水体总量的 96.5%。海洋表面每年蒸发 $4.2 \times 10^5 km^3$,占全球蒸发量的 85.6%,是全球水循环最重要的水汽来源,对全球气候系统具有重要影响。洋面的广阔性使得开展全球性的洋面观测十分困难,成为大尺度海洋研究的制约因素,利用卫星遥感手段反演海洋蒸发成为海洋水汽研究的必然途径。

Liu 最早提出利用卫星数据反演海洋潜热通量。运用 Nimbus/SMMR 遥感数据,在热带太平洋海域,获得潜热通量的反演误差为 $26W/m^2$。在回顾总体空气动力学方法的基础上,Liu 指出利用遥感反演的洋面温度和风速及估算的海洋表面湿度,假定潜热交换系数为常数,即可估算海面的潜热通量。

与陆表蒸散过程相比,海面蒸发相对简单,有关计算公式也不像陆表蒸散那样繁杂多样。海洋蒸发的遥感反演精度主要取决于风速、海面温度、参考高度处大气湿度等输入变量和大气—海洋界面水热交换系数的参数化方案，以及本身所具有的内在不确定性。海面上的风、温、湿等环境要素可以从卫星的热红外和微波数据反演获得，因此，海洋蒸发遥感反演方法在本质上属于多传感器联合方式。

虽然人们已经发展了多种参数化方案来估算全球海洋蒸发，但现有遥感反演方法基本上建立在 Liu 等参数化方案基础之上。在目前关于全球海洋蒸发的三大遥感产品中，都采用了类似算法。

对这 3 种产品的精度检验表明，尽管产品误差会因所检验的时期和区域而异，GSSTF 产品的总体表现最好，误差约为 $35\sim55 W/m^2$。其中，由于参数化方案本身不足所导致的误差贡献为 $30\%\sim50\%$，其他误差则与海表风速、海面温度和海表湿度等输入数据的误差有关。在输入误差中，按误差大小依次排序海表湿度、海表风速、海面温度。在风速为 $0\sim10 m/s$ 范围内误差为 5%，在 $10\sim20 m/s$ 范围内误差为 10%，$20 m/s$ 以上误差则更大。另外，不同产品之间存在误差，除了与产品算法差异性有关之外，还与所采用的输入数据有关。Chiu 等列表给出了 3 种产品的输入数据情况。

在海洋蒸发遥感反演方法中，尚存在一些问题有待解决。首先，在风、温、湿三个主要输入参数中，海表湿度的反演尚存在很大的经验性，反演精度不高，给海洋蒸发反演带来较大不确定性，是当前遥感反演需要解决的难点之一。其次，海洋表面动力学温度与遥感反演的像元温度之间存在一定的差异性，这种差异约在 $\pm1K$ 程度上。再次，目前使用最好的 COARE3.0 参数化方案所得到的遥感反演结果，还不能满足海洋表面的能量收支完全闭合，需要提高海洋水热通量的反演算法和输入数据的反演精神。另外，不同如何处理弱风情况、海面风浪状态（涌浪及方向）、中尺度阵风等现象，也是需要解决的问题。

第二节　海洋水文遥感

海洋是一个巨大的资源宝库，它蕴藏着极为丰富的生物、化学、矿产资源和能源。随着全球人口增加和陆地非再生资源大量的消耗,开发利用海洋对人类生存与发展的意义日显重要。相对而言,海水体积是陆地水的 14 倍,它控制着自然界的水循环,对地球上的生态环境产生着极其重要的影响。全面掌握高度精确的海洋水文观测资料,是海洋开发和全球水循环变化研究的重要基础。

长期以来,人们在海洋开展的相关调查研究工作,主要是通过船只走航、测量的方式来实现的,这种调查方式所获得的资料是非连续、非同时性的,很难反映海洋水体的真实情况,因而无法全面地把握如此广阔的动态海洋水体。自从 20 世纪 60 年代初"泰罗斯 1 号"(Tiros—1)气象卫星取得了若干海洋信息,兴起了从太空研究海洋的热潮。人类能在瞬间看到几百千米洋面上的水体信息,并能充分而快速地分析水位、深度、水量等水文要素的变化。遥感技术与海洋学的结合,使得海洋调查观测手段和方式发生了革命性的变化,为研究海洋水文开辟了一条新的途径。

本节将首先介绍海洋水文的物理基础,包括海洋水体的存在形式与分布、海洋水体的基本运动方式与度量指标,以及海洋水体与电磁波的相互作用特性。其次,阐述可见光—近红外波段、热红外波段、被动微波、主动微波以及多传感器联合反演海洋水文参数的基本原理和方法。然后,简述与海洋水文参数遥感验证密切相关的地面观测方法。最后,简要介绍了海洋水文参数的全球数据集,结合实际应用案例,阐述了海洋水文遥感的应用价值和重要水文参数的全球分布特征。

海洋是由不断运动着的海水所组成的庞大的、完整的动力系统,并具有相当深度。海洋上的水文现象具有范围广、幅度大、变化速度快且变化随机的特点。常规的海洋调查依赖于海洋调查船穿航线"稀疏"取样,定位样点测量虽然准确,但对于茫茫大海,无论在规模、范围、频度上均十分有限。遥感技术能提供大尺度(宏观)、动态的观测,且不受地理位置、天气和人为条件限制。本节主要针对海水潮位、海水深度、海洋流速与流向、海洋水量变化等水文参量,分别从可见光遥感、微波遥感及多传感器联合遥感等方面,详细介绍遥感探测上述海洋水文要素的基本原理、方法及其发展过程,同时结合相应的典型应用案例,比较不同参量遥感反演方法的精度、优势与局限性。

一、海水潮位遥感方法

目前,基于遥感手段的海洋水体潮位获取,主要是利用卫星测高的手段来实现。卫星测高的概念是由美国著名大地测量学者 Kaula 在 1969年 Williams.town 召开的固体地球和海洋物理大会上首次提出的。它是以卫星为载体,借助于空间、电子和微波、激光等高新技术来量测全球海面高度。高度计以其精度和高性能在全球平面变化监测,局部潮位变化、大中尺度的海平面变化等方面都发挥着重要作用。

(一)卫星高度计测高

卫星高度计测高是利用主动式微波遥感器监测海水潮位的一种遥感方法。其中,卫星测高仪是一种星载的微波雷达,它通常由发射机、接收机、时间系统和数据采集系统组成。卫星作为一个运动平台,搭载的雷达测距仪沿垂线向地面发射微波脉冲,并接收从海面反射回来的信号。

由于测高卫星在运行和工作过程中时刻受着各种客观因素的影响,其观测值不可避免地存在误差,因此要使用观测值,必须先对其进行相应的各种地球物理校正以消除误差源影响。这些校正包括仪器校正、海面状况校正、对流层折射校正、电离层效应校正以及周期性海面影响校正等。

随着卫星测高技术日趋成熟,测高精度也由最初米级提高到目前厘米级,分辨率由原来的上百千米提高到现在的几千米。卫星测高在全球范围内全天候地多次重复、准确地提供海洋表面高度的观测值,改变了人类对海洋的认识和观测方式。WITTEX 由 3 颗同样且具有重复轨道的共面卫星组成星座,卫星间的距离在 10km 至几百千米,卫星自身为微小卫星,重量轻于 100kg。卫星上搭载多普勒双频高度计,通过观测返回信号的延迟,取代观测双程传播时间得到卫星至海面的距离。

(二)GNSS 测高

GNSS(Global. Navigation. Satellite. System)测高就是把全球导航卫星作为信号照射源,利用飞行器或低轨道卫星上的 GNSS 接收机,它的天线指向地面,同时接收跟踪 10 颗以上 GNSS 卫星的反射信号,得到海洋反射面信息。其工作方式是通过向上的天线接收 GNSS 卫星的直射信号,确定接收机空间位置;利用向下的天线接收来自反射面的 GNSS 反射信号,确定反射面到参考椭球面的距离。这种卫星测高概念的最大优点是成本低,但其主要缺点是精度低,只有通过联合多种 GNSS 系统,包括使用 Galileo、Glonass 或者 Compass 等卫星导航系统才能改善精度。当然,GNSS 测高卫星计划可作为传统测高任务的补充,继续实现对全球海洋及其气候变化的监测。

(三)多传感器联合测高

传统的海洋高度计仅限于星下点附近很窄的区域观测,观测刈幅仅为 3km,因此在中尺度海洋高度观测的效率和准确率上受到了一定限制。宽刈幅海洋高度计(Wide－Swath. Ocean. Altimeter,WSOA)是广域雷达高度计,主要基于传统雷达高度计和干涉仪联合测量的技术,能够沿着卫星地面轨迹中心的刈幅进行海面高度测量。其中,干涉仪使用左右 2 个天线波束各自照射偏离星下点两侧 100km 范围区域,从而使观测范围宽度能够达到 200km。宽刈幅海洋高度计结合了传统高度计的高度跟踪测量技术、合成孔径技术及干涉合成孔径雷达的测高技术于一体,它的成像和测高原理与 InSAR 基本一样,但测量精度却可达到与传统高度计相当的厘米级误差范围,同时因为它采用了合成孔径雷达技术,还可以得到方位向的高分辨率特性。

此外,多种卫星传感器的融合也可以有效改善目前雷达高度计采样率不足。多项观测数据的积累和融合为人们提供了更多认识海洋现象的信息,促进和加深了全球海洋动力环境的实时、高效监测。同时,随着测高精度提高,从雷达高度计上可提取有用信息也越来越多。目前卫星雷达高度计测高资料,已经逐步用于海平面、海面地形、海洋水准面等大尺度全球或区域性高度图像绘制。随着卫星测高技术不断发展,基于卫星高度计进行海水潮位或海洋水面高度的应用研究越来越多。

二、海水深度遥感方法

海水深度是海洋水体的重要物理参数,是海面高度及海底地形的同步反映)。传统的海水深度测量方法主要是利用在测量船只上安装的测深设备(如测深杆、测深锤、多波束声纳等)和定位设备(如六分仪、雷达定位仪、GPS 等),在测深水域作网状布点测量实现。这些方法在资料的同步性、经济性、灵活性及宏观性等方面存在着一定缺点。20 世纪 60 年代,随着遥感技术出现和发展,为海水深度测量提供了新思路。利用遥感手段测量海水深度,可以发挥遥感"快速、大范围、准同步、高分辨率"特点,一定程度上弥补传统方法的不足。

(一)光学遥感浅海测深

卫星浅海水深探测技术包括多光谱扫描仪、高光谱仪技术以及微波合成孔径雷达 SAR。晴空多光谱数据反演浅海水深采用简化的或经验算法,精度欠高,且需要常规水深测量数据校正模型参数;晴空高光谱数据反演浅海水深不依赖于常规水深数据,可获得较高反演精度;SAR 遥感图像反演浅海水深不受天气条件限制,但是需要水深测量数据作标定,并受海面风场影响。

浅海水深光学遥感的物理基础是太阳光、大气和水体之间的相互作用过程。太阳辐射在经过大气的吸收、反射和散射等作用后到达水体表面,一部分能量在水气界面被反射回大气中,大部分能量经水面折射进入水体。受水体对光的吸收和散射作用影响,当光波进入水体后其传播的能量会不断衰减,一部分光由于受到水体内分子的影响发生散射作用而离开水体返回大气,只有较少光到达水底被反射后又穿过水体和大气被卫星传感器接收。传感器接收到光辐射主要包括大气信息和水体信息,水体信息主要包括水体表面直接反射光信息、水体后向散射光信息和水底反射光信息。其中水体表面直接反射的光谱信息只与水体表面有关,可以通过选取深水区的光信息量来近似代替;水体中的后向散射信息反映了水体中悬浮物信息,可以通过一定数学方法消除;直接由水底反射进入传感器的光谱信息是水下地形的直接反映,是水深遥感的主要信息来源。由此,对卫星光学影像进行信息分离,突出水深信息并结合一定模型运算即可反演出对应的水深数据。

影响水深探测的因素主要包括波长及水体的浑浊度。不同波长的可见光,对水体具有不同穿透能力。可见光中绿波段具有最大的大气透过率和最小的水体衰减,是水深遥感的最佳波段。水体浑浊度则是影响光在水中穿透能力的主要因素。不同水体,由于所含物质不同,在可见光波段有不同的衰减系数。当水体浑浊时,衰减系数增大,光线在水中穿透能力减弱;当水体足够清澈时,水体衰减系数减小,太阳光辐射穿透能力增强。而水体浑浊度增大到一定程度时,水体中悬浮粒子的后向反射分量就会大于水底反射分量,此时传感器无法接收到水底部反射信息。含沙量越大,可见光在水中穿透性受到影响越大,所能探测深度越小。随着水深增加,传感器接收到水底反射光越来越弱,直到趋于零。

目前,光学遥感反演水深主要通过辐射传输过程来建立光谱反射率与水深之间的定量关系。根据建模方式的不同,又可分为理论解译模型、半经验半理论模型和统计相关模型。理论模型是基于光的物理特性而建立的辐射传输方程。由于光的传输过程非常复杂,在实际中某些参量的测量受到限制,所以经过理论模型简化的半经验、半理论模型应用较为广泛。

(1)单波段模型法。单波段模型法主要是基于光能衰减模型而建立的,假设光进入水体后的衰减系数和底质的反射率为常量,其理论基础是Bouguer定理,单波段模型是基于光在水体内的辐射衰减而建立的,是水体深度遥感反演中应用较早的模型,具有计算相对简单、理论模型和经验值相结合的优点。但是由于模型以水底反射率较高、水质较清和研究水域较浅等假设为前提,而这些假设条件在实际应用中很难都得到满足,因此在一定程度上限制了模型的应用范围。

（2）双波段比值法。针对单波段模型的缺点,在假设两个波段对于两种不同底质反射率保持不变的前提下,利用两个对水体有较强穿透能力的波段比值反演水深的方法,即双波段比值法应运而生。双波段比值法能够有效消除水体的衰减系数和底部反射率绝对值因水体类型和底部物质种类不同而产生差异的影响,在一定程度上还可以减小太阳高度角、水面波动以及卫星姿态、扫描角等变化而产生的影响,因此也得到了广泛应用。

（3）多波段模型法。双波段比值法都是针对某一特定水域,并且基于不同底质反射率保持不变为前提,因此实测水深值与遥感图像光谱值的事实相关性无法保证,采用该类模型计算出的水深结果效果有时并不理想。为了消除不同底质反射率的影响,更为有效的手段是采用多波段模型法。Paredes 和 Spero 基于指数衰减光学模式,但是该方法以一定数量的实测水深数据为基础,因此在具体应用方面受到一定的限制。

（4）HOPE 算法。HOPE(Hyper－Spectral. Optimization. Process. Exemplar)算法是由 Lee 等提出的基于半分析模型的高光谱优化算法,该方法不同于经验统计方法,是一种基于物理原理的浅海水深反演方法。HOPE 算法建立的理论基础是:对于光学浅水海域,遥感反射比 R 由海水组分的吸收和散射以及海底反射率和浅海水深决定,是水深、海底反照率和水体光学性质的函数。

(二)雷达遥感浅海测深

合成孔径雷达(Synthetic. Aperture. Radar,SAR)是一种主动式的微波传感器,其工作波长较长,可以不受云层、天气等因素的影响,具有全天候、全天时、高分辨率的优点。SAR 浅海水深遥感研究最早起源于 1986年,目前较具规模和影响的浅海水深 SAR 遥感探测技术是荷兰科学家采用迭代方式建立的"水深估测系统",该技术在试验浅海区的反演水深值具有较高精度。下面将简要介绍一下有关 SAR 遥感反演海水深度的机理和方法。

微波穿透海水的深度仅为厘米级,SAR 无法直接探测数米甚至数十米的海水深度,SAR 测量的是海面后向散射强度。浅海水深之所以能够被 SAR 观测到,主要是由于水下地形间接改变了海面的后向散射强。实践证明,SAR 图像上的亮暗分布与海底地形、地貌有一种直接的相关。雷达波长越长,SAR 浅海水下地形和水深的成像越好。星载 SAR 中,P 波段为测量水下地形的最佳波段,L 波段次之,C 波段也有一定的测水下地形和水深的能力;雷达的极化方式与测水下地形关系不大,但 VV 极化优于 HH 极化方式,且 20°～40°是星载 SAR 获取浅海水下地形和水深的最佳入射角度范围。其中,浅海水深的 SAR 遥感成像机理,主要由以下 3 个物理过程组成:①潮流与浅海地形的相互作用改变海表面流场;②变化的海表面流场和风致使海表面微尺度波相互作用,改变海表面微尺度波的空间分布,即水动力学调制过程;③雷达波与海表面微尺度波的相互作用,该过程决定雷达海面后向散射强度。

海面后向散射强度的相对变化与流速梯度成正比,可以借助海面后向散射强度的相对变化估算初始流速梯度。

范开国等基于浅海地形 SAR 遥感成像机理与海面微波散射成像仿真模型,提出了星载 SAR 图像浅海水深遥感的探测技术。利用该技术,在台湾浅滩海域进行了浅海水深 SAR 遥感探测实例研究。SAR 遥感探测水深值与实测水深值的比较结果显示,基于 SAR 遥感的水深探测值的均方根误差达到 2.5m,误差小于 10%。研究表明 SAR 遥感具有探测浅海水深的能力。

(三)遥感深海测深

目前深海测深的遥感手段主要是利用雷达高度计技术。其测深原理是根据测量出海面至卫星的距离,定出卫星轨道相对于地球理想椭球面的距离,从而推算出海面相对于理想椭球面的距离。然后对之进行各种地球物理、环境因子校正得到海面高度,并利用高度计测高数据确定海洋的大地水准面高度。海洋大地水准面作为最接近平均海面的重力等位面,主要反映了地球内部物质结构及其密度分布的不均匀性,即海洋重力的变化一定程度上反映了海水深度的变化。由此,海洋重力异常及其大地水准面在一定波长范围内与海洋水深具有高度的相关关系。正是根据这种相关关系,结合水层深度、地壳厚度等,即可建立水深数据反演计算模型,推算出相应的水深值。

尽管早在 19 世纪 70 年代,Siemens 就发现了这种相关性并提出通过海面重力测量方法推求海洋深度的设想,但直到 20 世纪 80 年代卫星测高技术出现以后,Dixon 等才得以将这一设想付诸实施。随着卫星高度计测高精度不断提高,人们利用卫星测高数据发现了许多以前未曾发现的海山,并对无图海区的水深进行了推估,取得了较高的精度。目前,国际上由卫星测高数据反演深海地形的常用方法主要有解析算法和统计算法两大类。

1. 解析算法模型

海底是地球固体表面与海水的交界面,如果把海洋深度变化视为海底地形高度变化的反映,则由物理大地测量学得知,海底地形高度变化将引起局部重力场扰动。

2. 统计算法模型

通过解析方法建立的海洋深度反演模型,虽然物理意义比较明确,但在实际应用过程中,准确确定解析模型中的几个关键参数比较困难,其推广应用范围受到了很大的限制。1994 年,Tscherning 等首次提出利用重力数据通过统计迭代计算的方法来改善已有的水深模型。Arabelos 和 Hwang 也相继使用这种类似的方法分别在地中海和中国南海地区进行了海洋深度的反演计算。

尽管卫星测高反演海洋深度还远达不到正式生产海图的精度要求,但是作为传统船只测量水深的一种补充手段,测高反演水深在海洋科学研究中仍具有相等广泛的应用前景。

三、海表洋流遥感方法

海流是地球系统中水循环的重要组成部分,对海洋中多种物理、化学、生物过程,以及海洋上空的气候和天气的形成及变化,都有着影响和制约作用。认识和掌握海流运动特征和规律，不仅对渔业、航运等意义重大，而且对于理解气候模式、海洋热量传递、全球水循环等均有着重要的意义。然而，鉴于观测手段、观测仪器和观测成本的限制，目前实际可用的海流观测资料非常稀缺，相比其他海洋观测要素要少得多。利用卫星数据反演海表流场则表现出巨大优势，可以得到大面积同步、高重复频率的海表流场数据，推动了大洋环流的形成机制、动态监测及预报等研究。

就目前而言，在卫星遥感技术的发展进程中，基于遥感手段获取海表流场的方法大体上分为 3 种。其一是利用时间序列的可见光/红外光学遥感影像，采用特征跟踪或模式识别方法提取海表流场，该方法是一种间接获取方法，受限于晴空卫星光学影像的获取以及较为明显的图像特征。其二是从卫星 SAR 数据直接提取海表流场，它具有全天候全天时获取数据的优势，可对海洋表层流场进行准确可靠的探测和监测。其三是利用卫星高度计监测地转流，该方法仅适用于大洋环流的测量，对于大陆架浅海区域的海表流场，高度计不适用。

(一)可见光—近红外遥感方法

利用可见光—近红外波段遥感影像提取海表流场的思路，主要是根据遥感所观测的示踪物及其在一段时间段内的移动特征，基于特征跟踪或模式识别方法来实现海流的获取，其中海洋中的叶绿素、悬浮泥沙、盐度及表面温度等都是潜在的示踪物。以海洋表面温度为例，从卫星遥感影像上获得的海表温度图，形象地再现了卫星过境时由海面温度的差异所显现出来的表面流系和锋面的"原型"，而且很好地表述了当时海面的温度结构。不同时期的海面温度结构变化在一定程度上反映了该海区水块移动趋势，也就是包含了一定海流信息。因此，就可以从海表温度结构变化中提取出海流信息，得到该海区海表流场。

1. 最大相关系数法

最大相关系数法(Maximum. Correlation. Coefficient，MCC)是基于模板匹配技术，用相关系数来跟踪海表温度结构的变化。考虑统一尺度的两幅海表温度(SST)图像，在第一幅图像中选取一块小区域，成为模板

P;在第二幅图像中同一中心位置选取一块比模板 P 大的区域,称为搜索区 S。模板匹配技术就是在 S 中寻找一块与 P 最相似的子区域 P,如果找到 P,则认为模板 P 在第二幅图像中移到了 P 的位置上,求得一个位移矢量,位移矢量除以两幅 SST 图像成像的时间间隔就可以计算出模板 P 的平均移动速度。

2. 相关松弛法

相关松弛法是对最大相关系数法的一种改进方法。相关松弛法认为在一个海表流场中,某个位置上的海流大小和方向都与周围海流存在某种程度的一致性。因此,在决定该位置上的位移矢量时,不仅要考虑相关系数值,还应该考虑周围矢量与该矢量的一致性程度,选择既有较大相关系数,又与周围向量比较一致的矢量作为位移矢量。

近年来,随着卫星遥感技术的发展,基于 MCC 方法的海洋表面流的获取精度逐渐提高,并且在实际应用中发挥了重要的作用。Tokmakian 等选取加州附近海域,利用 ADCP(Acoustic. Doppler. Current. Profiler)测量的结果与 MCC 得到的结果进行比较,均方差在 0.14～0.25m/s。Kelly 和 Strub 同样用 ADCP 数据和浮标数据与 MCC 海流进行比对,发现 MCC 法反演海流与 ADCP 观测数据的相对误差为 35%,与浮标观测海流的相对误差为 55%。此外,Bowen 等做了一项复杂的 MCC 方法反演研究,他们选取澳大利亚东部海域 7 年的 AVHRR 数据,用 MCC 法估算海表面流的精度达到了 0.08～0.2m/s:

(二)合成孔径雷达(SAR)遥感方法

合成孔径雷达(SAR)是一种主动式微波成像雷达,与光学遥感图像相比,具有全天候全天时获取数据的优势。由于雷达系统确定后,雷达回波强度主要取决于目标的表面粗糙度和复介电常数,因此雷达所提供的海面粗糙度信息则成为海洋动力学的一个重要指标,由它可以推断出海洋表面流场的大小和方向。基于合成孔径雷达数据反演海表流场的思路是,首先利用 SAR 数据提取回波多普勒频移,进而获取海表流场。

1987 年和 1989 年,美国 Gold stein 等人分别在 Nature 和 Science 杂志上

发表了 2 篇重要文章,首次提出利用顺轨干涉合成孔径雷达(Along－Track. Interferometric. Synthetic. aperture. radar,ATI)获取海表流场。ATI 技术是可以直接测量海表流场的新技术。2007 年德国发射的 Terra. SAR－X 卫星,其中包括 ATI 技术测量海表流场的使命。国际上也普遍认为 ATI 技术是获取卫星海表流场数据的最好途径。其基本原理是沿轨 InSAR 以相同几何方式获取同一海面元、时间滞后的两幅 SAR 图像,如图 4－1 所示。当 A 足够短,这两幅 SAR 图像可以产生干涉并获得干涉复数图像,并且两幅图像的相位差正比于 SAR 后向散射信号的多普勒频移,因此从复数图像的相位差就可以反演出目标沿雷达视线方向的速度分量。

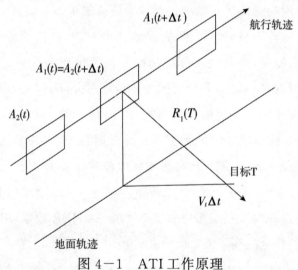

图 4－1   ATI 工作原理

(三)卫星测高遥感方法

大地水准面通常是对应于平均海水面的重力等位面。由于海洋的流体性质,在经受扰动之后,海水会产生流动,从而使得平均海面高与大地水准面高之间存在差异,此差异即海面地形。海洋学认为,海面地形主要是由海洋洋流或环流造成的。因此,利用卫星测高数据和大地水准面资料可以研究海洋的环流。

根据物理海洋学理论,海表流场(V)可分解为艾克曼流(Vg)和地转流（Vg）两部分。因此，基于卫星测高的海表流场反演思路，旨在根据卫星遥感探测的海面风场和海面高度场资料中估算出海洋表层流场。其具体步骤如下：①用卫星散射计资料计算得到海面风应力，并由此推算风应力产生的艾克曼流；②用卫星高度计资料和相应的海面高度平均场资料，推算出由于海面高度造成的压强梯度差导致的地转流；③融合上述地转流和艾克曼流，最终估算得到海表的流场。

基于卫星测高的海表流场反演方法的优势在于沿轨分辨率（约6km）高于散射计（为25km），精度（1.7m/s）高于散射计（2.0m/s），其劣势是只能进行星下点探测，重复周期比较长，如 T/P 卫星近 10 天。同时雷达高度计虽然可以用来反映海表面流场，但是由于雷达高度计的空间和时间分辨率有限，同时该方法很大程度上受大地水准面精度限制，通常仅适用于研究大范围的海洋变化，无法用于小区域的海表面流的反演。美国 NASAJPL（Jet. Propulsion. Laboratory）利用 1992 年 9 月 23 日～1993 年 9 月 24 日一年间的 T/P 卫星高度计数据估算的全球海洋表面大洋环流。从反演结果可以看出，整个中国海区域没有海流数据。

（四）重力卫星遥感方法

卫星技术研究较大范围洋流的关键在于高精度高分辨率的海洋大地水准面和高精度的海面地形。由于传统方法观测得到的重力场模型存在较大不确定性，并且融入了卫星测高数据，因此无法得到高精度和高分辨的大地水准面，从而使获取高分辨率高精度的海面地形受到限制。2002年，GRACE 卫星重力测量技术的出现为全球高覆盖、高分辨率和高精度的重力观测开辟了新的途径，使得高精度地球重力场的确定成为可能。特别是自 2009 年 3 月 17 日 GOCE（Gravity fieldand steady－state Ocean CirculationExplore）重力卫星探测任务成功实施之后，利用大地测量手段探测海洋环流进入一个崭新的阶段。

基于重力卫星的海表洋流遥感估算的方法和流程如下：

1. 大地水准面的确定

高精度重力场模型是精确确定大地水准面的基础，根据下式可计算出重力卫星数据所确定的静态大地水准面。

2. 平均海平面高的确定

平均海平面高度(MSS)可根据平均海面高度模型来确定。目前比较具有代表性的全球海域模型有法国太空局(CNES)发布的 CLS 系列平均海平面模型、美国国家航空航天局戈达德空间飞行中心发布的 GSFC 系列平均海平面模型、武汉大学发布的 WHU 系列平均海平面模型以及丹麦国家测量与地震局发布的 KMS 系列平均海平面模型等。需要注意的是,为了与大地水准面有效结合,选取的平均海平面高数据需要与大地水准面具有相同格网点。

3. 海面地形和地转流的确定

海面地形(MDT)是平均海面高(MSS)与大地水准面高(N)之差。除赤道和海岸地区外,长时间大规模的海水运动都处于地球自转平衡状态。在直角坐标系中,水平方向的科里奥利力与压强梯度力分量保持平衡,垂直方向的科里奥利力与压强梯度力分量及重力保持平衡。

在中小尺度海面流场反演方面,于祥祯等在分析传统顺轨干涉 SAR 表面流场速度分离方法不足的基础上,根据海面微波成像仿真模型建立了顺轨干涉 SAR 海洋表面流场迭代反演算法。利用该迭代算法对 JPLAIRSAR 获得的美国 Key. Largo 海域的机载顺轨干涉 SAR 数据进行海洋表面流场反演,并将反演结果与普林斯顿海洋动力仿真模型(POM)的输出流场进行对比研究。研究结果表明,基于顺轨干涉 SAR 迭代反演的海表流场与 POM 仿真流场的 RMSE 为 0.13m/s,相关系数达 0.854,取得了较好的流场反演结果。Wilkin 等利用 1993～1998 年的 AVHRR、TOPEX/Poseidon 以及 ERS 卫星数据,联合最大相关系数法(MCC)和卫星高度计法对澳大利亚东部海域的海表流场进行了反演制图研究,同时根据研究区域 1995 年 7 月～1997 年 4 月间的 17 个浮标监测结果进行比较,表明多种卫星传感器联合的海表流场反演结果具有较高一致性。

在大尺度海面流场反演方面,Knudsen 等以及彭利峰等分别基于

DTU10 和 WHU2009 全球平均海面高模型结合 GOCE 重力场模型,首先采用几何法经高斯滤波处理确定了全球海面地形(MDT),计算相应的表层地转流,同时与 GRACE 重力场模型所确定的地转流结果相比,发现 GOCE 更能体现更多的洋流细部特征,具有较大的洋流探测优势。

四、海洋水量变化遥感方法

海洋水量变化是全球和区域气候变化研究的重要内容。传统的海水质量变化确定方法主要有 2 种,一种是基于海洋学模型(如 NOAA 的 CPC 模型)的方法;另一种是基于海底压强测量数据来实现的。然而对于大尺度海洋水体而言,有限的海底压强测量数据或海洋学模型并不能反映真实的总体海水质量变化,且实测的海底压强数据受环境限制而分布极其有限,从而给准确估算海洋水量变化带来一定困难。随着一系列测高卫星和地球重力卫星(CHAMP、GRACE、GOCE)的发射成功,为人们提供了精确并详细的全球重力场和大地水准面模型,开创了海洋水量变化监测研究的革命性进展。

(一)测高卫星反演方法

通常引起全球海平面变化的因素主要有两个方面:①比容海平面变化,这主要是由于海水温度和盐度变化引起海水体积变化;②质量项海平面变化主要是由于海洋与大气、陆地之间进行各种质量交换,如冰川融化、降雨、径流和蒸发等引起的。根据前文,基于卫星测高数据,可以获得包括比容和质量项的总海平面变化。由此利用卫星高度计观测平均海平面变化,扣除模式计算的比容海平面变化,就可以计算得到海水质量变化的等效水平。其中,海平面变化中的比容海平面变化项可以利用温度、盐度数据计算得到。

(二)地球重力卫星反演方法

目前地球重力卫星中,GRACE 卫星较为广泛地应用于海水质量变化。GRACE 卫星是美国宇航局(NASA)和德国空间飞行中心(DLR)联合实施的卫星重力计划。该卫星采用 SST－Ⅱ技术,即同时发射 2 颗低轨道卫星在同一个轨道上,彼此相距约 400km,通过测量 GRACE 双子星之间的微小距离变化,可以准确捕获地球引力场位系数的变化。由于地球重力场随时间变化,主要是由于地球表面质量变化和重新分布引起的,在海洋上则表现为海水质量的增减或迁移,基于这一原理,我们就可以根据 2 颗卫星所监测的重力场变化来推求海水质量的变化。

地球系统是一个不断变化的动力系统,当某一区域内的物质重新分布时,将会引起密度分布变化,则该区域内大地水准面也将产生变化。地球表面的质量迁移现象在年际时间尺度上主要集中在地球表面厚度为 10~15km 的薄层内,其密度分布变化反映了包括大气、海洋、冰川遗迹陆地水储量等的变化。假设薄层厚度足够小,由大地水准面球谐系数变化与密度变化的关系,顾及固体地球的滞弹性负荷形变,得到用大地水准面球谐系数变化表示的单位面积内海水质量变化。

GRACE 观测数据解算的大地水准面高位系数阶方差误差随阶数的增加迅速增大,海水质量变化计算误差将随阶数增加也迅速增大,而高阶项球谐系数具有重要贡献,因此具体计算中,需引入空间平均函数以减弱高阶项球谐系数误差。

在全球尺度上,Jin 等利用 2003 年 1 月~2006 年 12 月的 GRACE 月时变重力场球谐系数,在进行相关误差滤波、高斯滤波和陆地水文信号泄露改正后,反演计算了全球海洋等效水柱高的变化。同时结合卫星测高和海洋盐度、温度等水文观测数据,计算了全球海平面变化和比容海平面变化,反演得到了海水质量变化。研究结果表明,GRACE 时变重力场反演的全球海水质量长期性变化为 -0.2 ± 0.2mm/a,周年变化幅度为 7.4 ± 0.4mm;卫星测高数据计算的全球平均海平面长期性变化为 2.1 ± 0.2mm/a,周年变化幅度为 2.5 ± 0.4mm。反演的 2 种海水质量变化的年际变化特征一致性较好,相比于 IPCC 第 4 次评估报告公布的 1993~2003 年各变化量发现,海水质量变化呈现加速趋势,并成为全球海平面上升的主要因素。

在区域尺度上,Feng 等在利用 GRACE 卫星监测区域海水质量变化方面开展了深入研究。研究人员利用 GRACE 卫星重力数据成功获得红海地区的季节性海水质量变化信号,并发现海水质量变化是该地区的平均海平面变化主因。卫星重力和扣除比容的卫星测高等 2 种独立的大地测量监测结果表明,红海地区的海水质量变化的周年振幅达到近 18cm,并在每年的冬季(1~2 月)达到最大。同时洋底压力计观测也表明,红海存在显著的海水质量周年变化,并与卫星重力结果一致。进一步的分析表明,印度洋季风是导致红海海水季节性变化的主要因素。冬季,红海南部的东南季风使得印度洋的海水侵入红海,并导致了红海海水质量累积。夏季,盛行西北季风则驱动红海的海水进入印度洋,导致红海海水质量减少。

第五章　基于遥感技术的水利应用实践

　　水是一切生命的源泉,是人类生活和生产活动中必不可少的物质。水利是人类为了生存和发展的需要,采取各种措施,对自然界的水和水域进行控制和调配,以防治水旱灾害,开发利用和保护水资源。作为水土流失最为严重的国家之一,我国的水利问题众多,洪灾旱灾发生范围广、频次高,水资源监测受限于复杂多样的地貌。1980 年,水利部遥感技术应用中心的成立是我国的水利遥感建设开始的标志。根据中国科学院卫星地面站的统计数据,2005 年的全国十大遥感数据用户中包括了长江水利委员会、黄河水利委员会和海河水利委员会等水利部门,可见当时遥感技术就已经在水利行业发挥了重要作用。在水利领域,遥感技术已被广泛应用于流域洪涝灾害和旱情的监测与评估、水资源开发与生态及环境监测评估、水土流失监测与评价、水环境监测以及国际河流动态监测等。

第一节　水资源的合理开发利用

　　水资源是指地球上具有一定数量和可用质量能从自然界获得补充并可资利用的水。我国是一个干旱缺水严重的国家,我国的人均水资源量只有 2300m³,仅为世界平均水平的 1/4,是全球人均水资源最贫乏的国家之一。因此水资源的监测与保护对我国的经济发展和人民生活具有极其重要的战略意义。本书将介绍遥感技术在流域综合规划、水资源调度、水资源保护及地下水资源开发方面的应用。

一、江河湖泊流域综合规划

　　流域综合规划,是以江河流域为范围,研究以水资源的合理开发和综合利用为中心的长远规划。遥感影像能对水域面积和涉水违法占用开展动态监测，为江河湖泊的信息化管理提供准确的基础资料，为各级水利部门进行流域岸线动态监管、定期开展水面变化监测和水利基本现代化进程考核等流域综合规划提供基础数据。

为了掌握近几十年武汉市湖泊的时空变化规律，马建威等川基于多源遥感数据，对 1973～2015 年武汉市的湖泊分布进行提取。为了保证不同时期湖泊提取结果的可比性，选择枯水期（每年 10 月～12 月）的遥感数据，且遥感数据的时相尽量相近，采用的数据包括 1984～2015 年 Land. Sat. MSS、TM、OLI 系列数据。该研究采用基于 NDWI 和面向对象分割相结合的水体提取，具体流程为：对于 LandSat－1 和 LandSat－3 数据，选择绿、红、近红外 1、近红外 2 共 4 个波段进行波段组合，对于 LandSat5、LandSat－7 和 LandSat－8，选择蓝、绿、红、近红外 4 个波段进行波段组合；根据光谱、形状等信息进行面向对象分割；以分割后的图像为基础，选择绿和近红外波段计算 NDWI；根据影像内的湖泊水体特征，设置合理的阈值，进行湖泊水体的提取。对 1973～2015 年武汉市的湖泊分布的提取结果，结合武汉市气象资料和统计年鉴进行分析。实验结果表明，1973～2015 年，武汉市年降水量呈现略增加的趋势，年平均气温则有一定的增加趋势；而在 1990 年之后，武汉市人口的增加、城镇的快速发展及房地产开发导致了大量的湖泊被侵占；气候变化和人类活动共同导致了武汉市的湖泊水域面积减少，其中人类活动是其变化的主要因素，采用多源、高分辨率卫星遥感技术，能够提高湖泊水域监测精度与频次，及时发现侵占湖泊水域面积的违法行为，为水资源的保护和合理规划提供科学依据。

张磊等 12 以内蒙古海勃湾水库为研究区域，采用 2016 年 10 月 12 日 Landsat－8 影像对库区水深进行反演。该研究首先使用声学多普勒流速剖面仪连续实测水深数据，将落在同一影像像元的水深数据的平均值及中值分别表征各像元的水深值。通过表征水深值与各波段组合的相关性选取水深反演因子，建立线性、二次、指数 3 种形式 15 组双波段模型与 5 组不同个数反演因子的多波段模型,使用未参与建模的检查点样本进行模型精度检验,通过检验结果进行模型比对。结果表明:Landsat—8 中波段 B4 红色波段对该区域水深的响应最大,包含 B4 波段信息的波段组合与表征水深的相关性较高;多波段反演模型的反演精度最高,反演因子个数越多,对样本的解释程度越高,但对水深较浅或水深较深处反演效果较差;泥沙含量与靠近陆地对反演结果有明显影响,结合遥感周期短、成本低的特点,在一定程度上可以应用于实际。

湖底地形数据是湖泊流域规划与治理、湖区冲淤变化研究、水资源利用和生态环境保护的重要基础。隆院男等提出基于遥感影像快速获取湖底地形数据的方法,利用湖泊淹没区域快速变化的特点获取湖底地形,首先利用水体指数,分离当日水体和湖区边界并转化为边界点;然后基于控制水文站点分布情况及当日水位数据,利用趋势面分析法及克里金插值法对当日湖区水面趋势进行模拟,将拟合的水面趋势与当日湖区边界点叠加,计算湖区边界点水位值,得到当日带有高程值的边界点,利用年内多日遥感影像可获取大量高程点,经过插值得到湖底地形。该研究以洞庭湖为研究对象,采用 Landsat 和 MODIS 系列遥感影像提取湖区边界,基于趋势面分析法和克里金插值法,反演湖区边界各点对应的水位,将带有水位信息的边界点作为高程点实现湖底地形反演。研究结果表明,克里金法的反演精度优于趋势面分析法,交叉验证的误差标准平均值在 0.2m 以内,水位样本点分布较多处,基于克里金法的地形反演绝对误差在 1m 以内,采用遥感影像和水位数据,结合边界提取和水位反演方法可以有效获取洞庭湖湖底地形,结果较可靠且操作周期短。

二、水资源调度及水量分配

目前我国较大规模的水资源调度及水量分配工程为南水北调工程。南水北调工程主要解决我国北方地区,尤其是黄淮海流域的水资源短缺问题。南水北调工程共有东线、中线和西线三条调水线路,通过三条调水线路与长江、黄河、淮河和海河四大江河的联系。南水北调中线工程、南水北调东线工程(一期)已经完工并向北方地区调水,西线工程尚处于规划阶段。遥感技术能够针对主要供水区水质遥感监测、工程沿线工业面源污染遥感监测,三线工程沿线及供水区和受水区的周边生态环境动态变化遥感监测等,为南水北调工程顺利进行提供科技支撑和服务。

王志杰等以位于南水北调中线工程水源地的汉中市为研究对象,基于遥感和 GIS 技术,采用"压力—状态—响应"评价模型框架,利用空间主成分分析方法对汉中市生态脆弱性进行定量评价。该研究选取 10 个指标表征生态脆弱性,分为正向指标和逆向指标,正向指标表示指标值越大,生态脆弱性程度越高,逆向指标表示指标值越大,生态脆弱性程度越低,正向指标包括人口密度、坡度、海拔、地形起伏度、年均气温和年均降水,逆向指标包括 NDVI 和人均 GDP,土壤侵蚀强度和土地利用/覆被类型为定性指标,按照分等级赋值法对指标因子进行量化赋值,然后将评价指标体系中设定的人口密度、人均 GDP、年均降水量、年均气温、地形起伏度、土壤侵蚀强度、坡度、海拔、NDVI 和土地利用/覆被类型等因子进行空间主成分分析,构建汉中市生态脆弱性指数。前 5 个主成分因子中原始变量的贡献反映了汉中市生态脆弱性特征驱动力:第 1 主成分中年均气温和年均降水量贡献最大;第 2 主成分中年均气温的贡献较大;第 3 主成分中人均 GDP 的贡献远大于其他指标;第 4 主成分中土壤侵蚀强度的贡献较大;第 5 主成分中海拔的贡献最大,即年均气温、年均降水、人均 GDP、土壤侵蚀强度和海拔等构成汉中市生态脆弱性形成的驱动因子。

结果表明,汉中市生态脆弱性指数标准化平均值为 5.21 ± 1.41,整体处于中度偏高脆弱水平,汉中市作为南水北调中线水源地,其生态环境的质量直接决定着区域社会经济发展和调水工程的有效运行,确保汉中市社会经济与生态环境可持续发展,才能保障南水北调中线工程的水源安全及调水工程的长效安全运行。

丹江口水库是南水北调中线工程的水源地,其水量的动态变化研究,对指导水库水量管理有重要意义。殷杰等以丹江口水库为研究对象,提出水库水量估算方法,首先根据库底地形分布特征,将丹江口水库分成主库区、西库区、北库区三个部分,利用 NDVI 提取丹江口水库水体信息;丹江口水库主库区属于典型的湖泊型水库,将提取的主库区面状水域的边界处理成闭合的水域边界,水域边界线在垂直方向上投影到库区 DEM上,得到沿库区 DEM 表面的交线,求取交线上所有栅格单元高程的平均值,作为闭合水域线围成水面的平均水位,与模拟水体底部的库底 DEM叠加,形成封闭的几何体,计算该几何体所包容的最大体积即为主库区库容;西库区和北库区属于河道型水库,其上部与下部的水位落差较大,难以找到水位均一的平面去拟合实际的水库水面,在获取水域边界线与库区 DEM 交线后,将交线分割成长度为 150m 的线段,取线段中点,建立间距为 150m 的观测点序列,对观测点序列使用克里金插值法,得到西、北库区水域范围内水面的模拟高程表面,与模拟水体底部的库底 DEM 叠加,形成封闭的几何体,计算几何体所包容的最大体积即为西、北库区库容;为保证自流灌溉、航运通畅、发电等,水库设定了正常运行的最低水位,据官方发布数据显示,丹江口水库死水位是 140m,相应库容为低库容76.5 亿 m^2,将主库区、西库区、北库区水量相加,得到水库的蓄水量。该研究分析丹江口水库水量的在 17 年间的动态变化过程,研究表明库容变化呈现出明显的季节性变化,南水北调中线一期工程通水后,丹江口水库库容呈逐步增加趋势,平均库容相比调水前增加 5.01 亿 m^2,对于水库水量动态监测,确保水库效益的可持续性发展具有重要意义。

地下水的过度开采在北京造成严重的地面沉降,自南水北调中线于2014 年 12 月开始向北京输送水源以来,地下水短缺得到极大缓解。Lyu等国分析南水北调工程对北京土地沉降时空演变的影响。该研究使用Envisat. ASAR(2004～2010),Radarsat－2(2011～2014)和哨兵一号(2015～2017)数据,使用永久散射体合成孔径雷达干涉测量方法(persistentscattererInterferometric Syntheticapertureradar,PS－InSAR)确定陆地表面位移率和时间序列位移并通过水准测量对地面沉降结果进行验证。实验结果表明,PS－InSAR 测量值与水准测量值结果非常吻合,R^2大于 0.96,RMSE 小于 5.5mm/a。自南水北调工程通水开始,北京地区的用水情况得到缓解,地下水位下降速度降低,地面沉降情况得到缓解,同时严格的水管理和地面沉降控制有关的政府政策的实行,也有助于减少地下水的泵送,因此有助于控制地面沉降的发展。

三、水资源保护

水资源保护主要面临水污染和水资源短缺问题。遥感技术在水资源保护方面的应用主要集中在水质检测方面。主要水质参数包括 Chia、CDOM、Secchi 盘深度(Secchi disk depth,SDD)、浊度、总悬浮沉积物(total. suspended. solids,TSS)、水温(WT)、总磷(total. phosphorus,TP)、总氮(total. nitrogen,TN)、溶解氧(dissolved. oxygen,DO)、生化需氧量(biochemical. oxygen. demand,BOD)和化学需氧量(chemical. oxygen. demand,COD)等。相较于传统实验室采样检测以点代面的方式,遥感手段能够大尺度、持续、及时分析出污染源及与污染物的迁移特性,主要包括物理方法,经验方法和半经验方法三种。

朱云芳等利用 GF-1 卫星 WFV4 结合 BP 神经网络探究太湖叶绿素 a 浓度监测的可行性。该实验以太湖流域为研究对象,获取实时地面采样数据;利用原始波段及对数处理后的 4 个波段做组合后计算与叶绿素 a 浓度的 Person 相关系数,最终选择 b4/b3、b4/b2、b4/b1、b4/(bl+b2+b3)作为 BP 神经网络的输入层建立神经网络模型。实验结果表明,BP 神经网络模型预测值与实测值之间的可决系数为 0.9680,均方根误差 RMSE 为 7.6068,平均相对误差为 6.75%,并将经过水体掩膜的 GF-1WFV4 影像用于训练好的 BP 神经网络反演太湖叶绿素 a 浓度分布,验证了采用 BP 神经网络模型对 GF-1WFV4 影像进行太湖叶绿素 a 浓度反演的可行性。

许芬等国以海南三亚赤田水库为例,开展基于"源-汇"景观的非点源污染风险遥感识别与评价分析。"源-汇"景观理论中,"源"景观类型对污染物产生促进作用,"汇"景观类型对污染物产生阻碍作用。首先利用随机森林算法从 GF-1 影像分类提取水源地不同类型景观分布信息,将流域内景观类型分为耕地、园地、居住用地、建设用地、水产养殖、有林地、草地、水体和未利用地；将遥感分类结果中对污染起推动作用的类型归为"源"，如耕地、园地等；将遥感分类结果中对污染起截留、阻碍作用的类型归为"汇"，如草地、有林地等。

结合景观空间"源—汇"污染负荷风险指数计算出的各个子流域的产污风险大小，将地形因子、距河道距离因子纳入非点源污染风险指数的计算，基于非点源污染风险评价指数，评价各子流域单元的非点源污染风险。非点源污染风险指数的大小代表污染风险的高低，以此来划分高污染风险区和低污染风险区。

实验结果表明：一方面，流域非点源污染风险总体较低，"汇"景观占主导作用的子流域占整个区域的 76.50%；污染风险呈现东高西低的特点，极高风险区主要分布于以居住用地、建设用地等"源"景观类型为主的流域东南部区域；另一方面，基于坡度因子的"源""汇"景观污染负荷之比值大于 1，"源"景观在低坡度区域分布范围广，景观布局较合理。基于遥感与"源—汇"景观指数计算是一种快速、客观、有效的饮用水源地的非点源污染风险识别与评价方法。

Ghebreyesus 等利用遥感数据调查阿拉伯联合酋长国（阿联酋）阿尔艾因流域储水变化的可行性。该实验研究该流域的扎克尔湖和湖边的废水处理厂排水量的相关性，利用 Landsat7 和 8 号卫星图像对湖区进行时序面积监测，使用 15m 分辨率 DEM 来确定不同日期的湖泊深度，通过将湖泊面积乘以从 DEM 获得的湖泊深度来计算扎克尔湖中的水量。此外利用重力恢复和气候实验（the gravity recovery and climate experiment, GRACE）图像估计整个流域的储水异常情况。实验结果表明，GRACE 异常值持续呈负值，研究区域内的水存储量从 2008 年开始显著下降，表明该地区的地下水资源在过去十年中被过度开采，与当地机构报告的用水量一致；扎克尔湖湖泊体积曲线与湖边的废水处理厂排水量曲线几乎相同，两条曲线的峰值存在大约 1 年的滞后期，表明从废水处理厂排放的水可能需要 1 年才能到达地下水位，并最终影响湖泊中的水量。该研究的结果证实了遥感数据在缺乏地面观测区域的水资源方面的可靠性。

四、地下水资源开发管理

我国地下水分布区域性差异显著。北方地区（15 个省、区）总面积约占全国面积的 60%，地下水资源量约占全国地下水资源总量的 30%，但地下水开采资源约占全国地下水开采资源量的 49%。地下水是十分珍贵的自然资源，同时也是重要的战略物资，在保障城乡居民生活、支持经济社会可持续发展和维护生态平衡等方面都具有十分重要的作用。尤其是在地表水资源缺乏的地区，地下水更是具有不可替代的作用。地下水遥感监测的依据是地下水与地表水、植被、土壤水分和温度等遥感信息的相关性，通过分析遥感图像上与地下水有关的地表信息，可以了解地下水状况。

尹涛等 10 利用遥感对黄河三角洲地区植被生长旺盛期地下水埋深进行反演研究，采用一元和多元线性回归建模方法，确定反演指标，比较遥感指标反演法与地学和遥感相结合的 2 种反演模型。研究资料主要包括 4 部分：黄河三角洲地区 18 个地面观测站 2004～2007 年的观测数据；MODISNDVI 合成产品、LST 合成产品及 TVDI；Land. sat7. ETM＋影像；90m 分辨率 DEM 高程数据。将对数计算后的 NDVI、指数运算后的夜晚 LST、指数运算后的夜晚 TVDI 作为地下水埋深反演的敏感遥感指标，记为记录集{A}，并将该数据集与地下水埋深进行多元线性回归分析构成遥感监测模型；归一化观测点距黄河的距离（H_1）和观测点周围水体密度（p），而归一化观测点距海岸线的距离（H_2）和 DEM 作为地学要素法敏感指标，记为记录集{B}；综合运用地学要素分析法和遥感监测相结合的方法，将遥感指标{A}与地学要素指标{B}作为自变量与地下水埋深进行多元线性分析，并用其他年份的数据对模型的适用性进行检验。实验得出结论：仅用遥感指标建立的地下水埋深预测模型的决定系数 R^2 为 0.496，引入地学参数后模型 R^2 平均值增加到 0.791。遥感和地学指标相结合的方法可以更准确地反演植被生长旺盛期研究区的地下水埋深分布状况。

管文轲等Ⅲ对塔里木河中游沙漠化地区地下水位遥感监测,探讨沙漠化地区地下水位的分布状况及其对沙漠植被的影响,为塔里木河流域生态环境保护提供科学依据。该研究表明塔里木河中游沙漠化地区光照强烈,在一定程度上可以忽略植被对反射率的影响,可以把像元反射率看成纯土壤反射率,因此能通过土壤水分的遥感反演监测地下水位。该研究选取2008年8月的MODIS数据,地面实测数据是采集于同月份的81个样点,收集气象站2008年6月~8月的气象数据,以及研究区内机井的经纬度、高程、静水位埋深及水位等数据。

在实地考察塔里木河中游区域的地下水位、土壤水分和其他辅助资料的基础上,通过建立土壤水分和地下水位的线性方程,提出在土壤中存在毛细管补给条件时,简便、有效的监测沙漠化地区地下水埋深的监测模型。

该研究利用塔河中游沙漠化地区进行实地验证,模型反演地下水位和实测地下水位之间的相关系数为0.8969,表明在较大范围且地下水埋深不大于6m的沙漠化地区,利用MODIS多波段遥感模型监测并评价地下水位埋深的空间分布是可行的。

Das等联合应用遥感技术和层次分析法划定西孟加拉邦的普如里亚地区的地下水潜力区。该研究使用印度政府提供的地质、坡度、线状密度、土壤、降雨等调查信息,结合Landsat8影像获取的土地利用,土地覆盖构成地下水潜力影响因子,并通过分析层次过程(analytichierarchy.process,AHP)的对偶比较矩阵进行等级排序后计算出其归一化权重,将所有专题图层整合后,计算出地下水位指数,通过地理信息系统加权叠加模型编制地下水潜力图。

研究区被划分为三个不同的地下水潜力区(高、中、低)。整个普如里亚地区中,22.55%地区属于高潜力区,60.92%属于中度潜力区,16.53%属于低潜力区。将实验的地下水潜力区与地下水产量数据进行验证,14个验证点中有10个点与预期地下水潜力等级吻合,有助于决策者制定有效的地下水研究区域规划。

第二节　水文水资源管理

水文与水资源管理系统研究水资源的分布、形成、演化,兼顾岩土工程和环境工程等,并将其应用于水信息的采集和处理;水资源的规划与开发、评价与管理,水利工程的勘察、设计、施工;流域生态建设、岸线保护的监测、评价和治理等。人工勘测水文资源易受到恶劣天气的影响,采集工作具有一定危险性,无法全天候观测,得到的数据也不够完善。使用遥感技术可以避免人工勘测的缺点,遥感技术使用不受地域限制,可以提高水文资源研究水平。本书将介绍遥感在水资源承载能力、水利设施及岸线管理、流域生态保护与修复及水利工程建设与运行管理等方面起到的重要作用。

一、水资源承载能力

水资源是自然资源的重要组成部分,其对经济社会发展的承载能力是衡量人地关系协调程度和区域可持续发展水平的重要标尺。水资源承载能力指的是某一地区的水资源,在一定社会历史和科学技术发展阶段,在不破坏社会和生态系统时,最大可承载(容纳)的农业、工业、城市规模和人口的能力,因此开展水资源承载力监测、管理、预警等研究,可以为有效调控区域水资源环境压力提供科技支撑。

高洁等3以西藏自治区为例,开展水土资源承载力监测预警研究。从西藏自治区水土资源利用现状出发,构建了由 1 个目标层、2 个指标层、4 个要素层、11 个监测预警指标组成的水土资源承载力监测预警指标体系,利用了多个统计数据、监测数据、MODIS 的 NDVI 合成产品 MODNDIIM 和草地范围数据。首先兼顾资源、环境和生态属性,构建包括水资源、水环境、生产性用地及生态用地在内的区域水土资源承载力监测预警指标体系,然后基于国际、国家、行业标准、规定或相关研究结果,设定不同指标的关键阈值,进而从高到低依次划分出红色、橙色、黄色三个预警等级。在此基础上选取 2005～2014 年作为研究时段,利用层次分析法和专家打分法确定指标权重,对构建的西藏自治区水土资源承载力监测预警指标体系进行实证分析。研究发现,水功能区水质达标率、人均粮食产量、人均耕地面积和草地退化程度等指标的变化对区域水土资源承载力影响较为明显;区域水土资源综合承载力 10 年间呈上升趋势,由橙色预警区间降至蓝色预警区间,西藏自治区水土资源承载状况有所好转。

刘晓等利用 GRACE 卫星数据反演水量,采用生态服务评估方法计算各县市水资源承载水平与水资源承载力。水资源承载水平是在一定的技术和管理水平下,区域水资源系统承载的人类发展水平,而水资源承载力是水资源承载水平的稳定最大值,即一定的技术和管理水平下,区域水资源系统能稳定承载的人类最大发展水平,二者之间的区别在于水资源承载力是一个具有一定条件限定下的最大值。该研究数据来源于 2003 年和 2010 年江西省统计年鉴、2010 年中国统计年鉴,以及 GRACE 卫星反演数据。采用 GRACE 卫星数据反演水量,计算 2010 年相对于 2003 年水资源量的年均变化及相对于 2003 年的年均水资源,计算 2010 年水资源量最高与最低时的水位差,得到的水资源量及水资源更新量:采用生态服务评估方法计算各县市水资源承载水平与水资源承载力。选取鄱阳湖区 11 个县市为研究区域,并对鄱阳湖区 2010 年水资源承载情况进行评价。

张铭选取陕西省作为研究区域,将降水量与气温数据联合 GRACE 重力卫星数据和 GLDAS 水文模型反演并分析了陕西省陆地水储量、地表水储量以及地下水储量的时空变化。首先对 GRACE 重力卫星数据中存在的条带误差,使用滤波半径 300km 的扇形滤波结合去相关滤波保留有效信号同时去除误差;利用 GRACE 反演的陆地水储量和陆地水文模型 GLDAS−NOAH 数据反演的地表水储量,结合降水与气温数据,进行时间和空间变化的特征分析,将二者水储量差值与实测地下水等效水位高度进行验证;使用主成分分析法分析陕西省水资源承载力,表明以人口数量、经济发展为代表的第一主成分,对水资源承载力产生压力;以水储量的变化为代表的第二主成分对水资源承载力呈正相关性;以水资源利用率为代表的第三主成分与陕西省年际地下水位数据经过数据标准化后,二者相关性较强,可以作为判断地下水位变化的参考指标,对于政府制定水资源管理条例以及控制开发利用地下水资源的尺度,有一定的参考意义。

二、水利设施及岸线管理

通过大规模水利基础设施建设,我国水利工程规模和数量目前位于世界前列,基本建成较为完善的江河防洪、农田灌溉、城乡供水等工程体系。随着经济社会发展,在水利设施建设及河湖水域岸线管理也出现一些新问题,如非法排污、设障、捕捞、养殖、采砂、采矿、围垦、侵占水域岸线等现象日益严重,导致河道干涸、湖泊萎缩,水环境状况恶化,河湖功能退化,水安全保障受到严峻挑战。利用遥感手段,能够及时了解水利设施和水域岸线的时空演变情况,为流域资源合理开发,水利设施合法建设提供理论依据和决策支持。

胡亚斌等为研究连云港市长时间序列的海岸线演变特征,收集1973～2017年间覆盖连云港市的云覆盖量小于3%且影像过境时的潮位较高的 LandsatMSS,TM 以及 ETM 系列影像和 GF-1 号 WFV 遥感影像,共10景,用于连云港市海岸线信息提取,同时收集了4景 SPOT5 用于几何校正。采用二次多项式和双线性内插法进行校正和重采样,基于2003年和2004年4期 SPOT 影像对覆盖连云港市10期 Landsat 系列和 GF-1 系列遥感影像进行几何校正。为进一步保证海岸线解译精度,该研究基于 Landsat 系列和 GF 系列卫星影像数据和构建的连云港市海岸线分类体系,先提取2010年连云港海岸线信息,并以此为基础对其他时相的进行修正。修正的原则为:①海岸线位置和类型属性不变,则保留原属性;②海岸线位置变化,而类型属性不变,则仅修正海岸线位置信息;

③海岸线位置不变,而类型属性改变,则仅修改海岸线类型属性;④海岸线位置和类型属性都改变,则需同时修正海岸线的位置和类型属性。最终获取连云港市 1973 年、1981 年、1990 年、2000 年、2005 年、2009 年、2010 年、2015 年、2016 年和 2017 年等 10 期海岸线信息。实验结果表明,1973～2017 年连云港市海岸线长度整体呈现增长态势,自然岸线长度减少了 28.8km,年减少率为 0.65km/a。自然岸线减少的原因主要为养殖业发展、城市扩张建设和港口建设。

王常颖等以 2013 年 10 月 20 日天津附近海岸带区域的资源三号卫星影像数据实现海岸线的高精度提取。首先采用 C4.5 决策树分类方法进行海岸带地物分类规则挖掘,实现基于规则的海水-陆地分类;再对海水与陆地分类结果进行基于密度的聚类方法进行后处理,实现噪声去除,其基本原理为:设置邻域半径,通过统计半径内异类样本点的数量来确定当前点是否为噪声点,若异类像素点的个数超过预设的阈值,则对当前噪声点进行修正,即高于阈值的海水像素点视为河道处,归为陆地类别,而低于阈值的海水像素点则保留为海水类别,实现河道区域海岸线的后处理。实验结果表明该研究提出的岸线提取方法能够消除河道区域对岸线提取的影响,除个别地物比较复杂的区域,平均提取精度优于 2 个像元,满足海域遥感技术规程中线状信息误差标准的要求。

桥梁水坝作为水利设施的重要组成部分,在民用上可以帮助地质灾害监测,在军事上可以快速发现临时桥梁,协助精确制导并且在打击后评估打击效果。朱然网以桥梁水坝以及河流的图像特征为基础,围绕可见光遥感图像中桥梁水坝的检测与特征提取开展研究。该研究首先通过检测图像中各个子区域灰度分布形态筛选存在河流的子图像;在研究遥感图像灰度分布特征的基础上,根据其统计直方图符合混合高斯模型,提出基于检验假设和参数估计的阈值分割方法;通过改变算子的几何结构改善对角点的检测,以均值距离函数合理地计算轮廓强度,以加权直方图改善对亮度不均匀图片从而改善轮廓检测算法;提出利用目标的几何与连通域特性快速实现定位,并利用目标与河岸线的关系,通过检测形似目标对河岸线轮廓的影响排除伪目标的方法,最终实现对桥梁和水坝目标的识别任务。

三、监督河湖水生态保护与修复

水生态保护和修复是通过一系列措施,将已经退化或损坏的水生态系统恢复、修复,使其基本达到原有水平或超过原有水平,并保持其长久稳定。水生态保护主要包括重点流域保护修复、地表水生态环境管理、水污染管理、重点工程水质保障等。与地面监测相比,遥感获得的监测信息具有空间和时间上的相对连续性,且动态范围大,不仅有助于从区域层面把握流域水生态的特征,而且有利于及时、全面掌握水体环境问题的发生、发展与演变迁移过程,可节省大量人力、物力和时间。例如在水生态环境监测领域,遥感监测湖库的蓝藻水华空间分布及发生频次,可以实时快速发现水华暴发,分析评估水华高发区,为水华防控提供无可替代的技术支撑,利用遥感实时监测饮用水水源地保护区内的道路、高风险工业企业等,评估环境风险程度,为保障饮用水安全提供有效技术手段等。

朱泓等基于遥感生态指数(remote sensing ecological index,RSEl)对滇中五湖流域的生态环境质量进行监测和评价。该研究数据主要包括1988 年、1998 年、2008 年、2018 年的 Landsat.TM 和 OLI－TIRS 影像,时间在 4 月～5 月,以及 30m 分辨率 DEM 数据。为减少外部因素影响,对影像进行辐射定标和大气校正,利用 DEM 数据提取湖泊流域边界,再利用边界对影像进行裁剪。由于研究区位于湖泊流域,水域面积占比大,水体会对试验结果造成影响,需要对水体进行单独提取并剔除,采用MNDWI 去除水体,得到研究区影像。利用 NDVI、缨帽变换获取的湿度指数(wetness)、干度指数(normalized difference soil index,NDSI)和LST 分别代表绿度、湿度、干度、热度 4 个指标,将 4 个指标归一化后进行主成分分析。根据各指标对第一主成分的贡献度来赋予权重,得出生态遥感指数的初始值,并进行归一化,最终得到 RSE 即为生态遥感指数值,区间为[0,1],值越接近 1,说明生态环境质量越好。将 RSEI 以 0.2 为间隔分为 5 个等级并统计。实验结果表明,滇池、抚仙湖、阳宗海的生态环境质量持续变好,但近 10 年,杞麓湖和星云湖的生态环境质量明显变差,各湖泊生态环境质量变化与湖泊水质变化存在一致性。

物理结构完整性(physical structural integrality,PSI)是河岸带生态系统的基础特征。通过定量分析 PSI 的动态变化,可以有效评估河岸带生态修复效应。杨高等 20 以辽河干流河岸带为研究对象,选取植被覆盖率、河宽比和人工干扰程度等作为监测指标,利用遥感数据和地面实测方法分别评价 2010 年和 2016 年的 PSI,将其作为评价指标对河岸带生态修复效果进行定量评估。研究结果表明,基于遥感的河岸带物理结构评价方法与地面实测的结果一致,河岸带生态修复前后的 PSI 平均值由63.47 提升至 72.07,处于亚健康状态的河岸减少了 189.5km(97.1%),研究结果在评估河岸带生态修复效应的同时指明下阶段治理工作的方向,为我国北方平原河流的生态修复评估提供科学参考,尤其对于缺少实测资料的修复工程具有重要的应用价值。

四、运行管理

水利工程是用于控制和调配自然界的地表水和地下水,达到除害兴利目的而修建的工程。水是人类生产和生活必不可少的宝贵资源,但其自然存在的状态并不完全符合人类的需要。只有修建水利工程,才能控制水流,防止洪涝灾害,并进行水量的调节和分配,以满足人民生活和生产对水资源的需要。水利工程需要修建坝、堤、溢洪道、水闸、进水口、渠道、渡槽、筏道、鱼道等不同类型的水工建筑物,以实现其目标。

遥感在水利工程建设中可以实现水利工程区域基础测绘、变形监测、水利规划与水环境治理等,能取代获取地形、地质、水文信息的传统人工测量手段,还结合 GPS、人工智能模拟技术实现工程区三维环境时空重建,为水利工程建设提供优质、高效、精准的数据服务。

了解水库开发利用现状,对制定统一的水库管理与保护规划,科学、合理、有序利用库区资源有很大的指导和参考意义。梁文广等对江苏省

10座典型大中型水库2012～2016年管理范围内开发占用开展动态监测,选取的典型水库分布较均衡,且库区占用典型,在全省大中型水库中具有较好的代表性。本研究所用的数据类型包括高分遥感影像、水库监测范围线、水位和行政区划数据。高分遥感影像数据包括研究区2012～2016年的4期高分遥感影像,水位数据为与遥感影像同期的水库水位数据,便于开展遥感判读与综合分析。首先以高分遥感卫星影像为基础,提取水库开发占用及年度变化,用目视解译、人工提取的方法,提取开发占用图斑;其他年度,利用当年高分影像和上一年度高分影像进行对比,提取年度变化区域。形成水库2012年开发占用数据,2013～2014年,2014～2015年和2015～2016年变化图像数据;开展外业调查核实,将2012～2016年江苏全省水库开发占用初步监测成果分发到相应县级水利局,由各县级水利局负责外业调查核实;进行成果整理,对外业调查核实成果进行整理,剔除水域没有变化的区域,对开发占用及变化进行分类。该研究得出,基础设施、城乡居住、商业开发等减少明显,水利建设增加,农业生产逐年增加。通过高分遥感开展库区开发占用动态监测,能够快速、准确地掌握水库开发占用现状及变化情况,对于水库的监管是一种高效、先进的技术手段,可为水库的管理、保护、规划及法规的制定提供基础数据和技术手段支撑。

水利工程尤其是特大型水库的建设,均是由淹没、安置、迁建、设施配套等主体性工程所组成。邵景安等研究三峡工程不同建设阶段土地利用变化,对比不同建设阶段三峡库区土地利用变化的特征与轨迹。据"三建委"对三峡工程建设的阶段部署,考虑到建设节点驱动土地利用变化的滞后,划分为:论证阶段、初期移民阶段、大江截流至一期移民结束、2003年正式蓄水至二期移民结束和工程全面建成五个时期,每期覆盖三峡库区的遥感影像(TM/ETM)10景(5期共45景),在缺少1995年影像的区域使用由区(县)市国土局提供的1994～1996年土地利用现状图作为补充。以1∶100000地形图为参照,对五期全波段TM/ETM影像校准预处理,基于所要提取的不同地物和TM/ETM影像各波段对地物识别的特征指示,选择波段组合和多波段加减复合。依据所要提取的典型地物,建立针对特定地物特征的解译标志库。利用已有一年的矢量化土地利用图,参考国土和林业二调成果,用非监督分类和目视判别将该年土地利用图解译出来,再将相邻时段影像与此年的进行对比找出动态图斑,得到五期土地利用数据和四期动态图斑。实验结果表明,解译结果能够达到精度要求,可作为土地利用变化特征分析的基础数据源。研究结论有助于丰富对水利工程胁迫下土地利用的理解,为未来适应性土地利用调控政策的制定提供科学依据。

赵一恒等提出一种新的监测桥梁形变的方法,利用遥感数据与 PS—InSAR 技术来监测桥梁的形变量。首先通过基于面向对象的影像提取方法,对 GF—2 的高分辨率遥感影像进行桥梁提取,将影像分割成由同质像元组成的影像对象,利用对象的光谱特征及空间特征进行分类提取,将影像分为陆地与河流两大类,再将陆地单独提取为一个面要素图层,同时对分类后的河流和陆地两大类别进行二值化处理,再经腐蚀膨胀开闭运算,从而得到连通的河流对象,再将河流单独提取为一个矢量图层;最后将河流与陆地两个矢量图层进行求交的空间运算获得桥梁面。利用 Terra.SAR—X 数据,按照使总体相干性系数达到最优的策略,选取最优的干涉影像集;对选取的各个干涉影像对进行影像配准,生成干涉图和相干图,利用外部 DEM 与生成的干涉图进行差分处理,得到差分干涉图;根据实验区内形变场的形变特征和短时间序列影像集的干涉对组合策略,构建函数模型和随机模型,对模型的解算分时间维相位解缠和空间维相位解缠;提取桥梁形变结果,包括短时间序列上桥梁的稳定点目标的检测、点目标的沉降速率场、DEM 误差和大气误差、轨道误差估计等。实验结果表明,研究区域内大部分点保持稳定或有少量沉降,部分人工线状地物上也出现一些沉降较大的部分,并且绘制出大桥的沉降速率分布图,通过对形变量的量化分析,最终得出桥梁的安全级别。

第三节 水土保持

中国是世界上水土流失最严重的国家之一。2020年9月,水利部发布2019年中国水土保持公报,公报显示2019年,全国共有水土流失面积271.08万km²。其中,水力侵蚀面积113.47万km²,风力侵蚀面积157.61万km²。按侵蚀强度分,轻度、中度、强烈、极强烈、剧烈侵蚀面积分别为170.55万km²、46.36万km²、20.46万km²、15.97万km²、17.74万km²,分别占全国水土流失总面积的62.92%、17.10%、7.55%、5.89%、6.54%。与2018年相比,全国水土流失面积减少了2.61万km²,减幅0.95%,水土流失导致的土地退化严重、泥沙淤积、生态恶化以及水资源不能够有效利用等一系列的问题,使耕地减少,加剧了洪涝干旱等自然灾害的发生,导致生态环境的恶化,加剧了地区的贫困程度,对人类社会生存发展造成严重的威胁,因此必须强化水土保持相关工作。遥感技术在快速获取大范围的地表信息提取方面具有不可替代的优势,为水土保持遥感监测与评价奠定坚实的基础。

一、防治与监测预报

水土流失是指土壤在外力(如水力、风力、重力、人为活动等)的作用下,被分散、剥离、搬运和沉积的过程。鉴于水土流失属于动态变化过程,唯有动态监测,才能够掌握区域土壤侵蚀强度分布情况,遥感技术凭借其周期短、速度快、分辨率高等特点已成为监测水土流失最为重要的手段之一。遥感技术在水土流失动态监测中的应用主要是通过遥感数据获取区域下垫面的信息,如土地利用分布、植被覆盖情况、水土保持措施分布情况等,为水土流失的动态变化过程提供支撑。

针对林下水土流失缺乏有效判别方法的问题,徐涵秋等[14]提出一种遥感判别方法。该方法以植被覆盖度、植被健康度、土壤裸露度和坡度为判别因子,采用规则法来建立林下水土流失遥感判别模型。实验采用的主要数据为遥感影像,为使所建的林下水土流失判别模型更准确,特别对植被的反射光谱进行了现场实测,并采集了土壤样本,以测定土壤中的主要养分。在此基础上,确定出 5 个林下水土流失判别因子,并据此建立判别规则,构建林下水土流失判别模型。2014 年 10 月 15 日的 Landsat8 卫星影像作为遥感数据源,采用 ASD. Field. Spc. R 光谱仪在长汀现场实测了不同健康状态的马尾松林的光谱信息。确定林下水土流失区的判别因子为植被覆盖度、植被氮指数、植被黄叶因子、地表裸露度和坡度 5 个因子。将 2014 年长汀县 Landsat8 影像依次反演出 FVC、NRI、黄叶因子(Yellow)、裸土指数(normalized difference soil index,NDSI)和坡度(slope)专题影像,在此基础上,为每一个因子设置分离阈值,然后采用基于规则的逐层分离法建立模型,提取出林下水土流失区,阈值主要根据它们对应的野外林下水土流失样区的统计特征,并辅以适当的人工调试来设定。从 Landsat8 影像中提取出长汀县的林下水土流失区,并于 2015 年 11 月进行实地精度验证,由长汀县水土保持局的技术人员根据历年的林下水土流失观测资料,在现场选择了 52 个点进行验证,结果表明模型判别精度为 88.45%,Kappa 系数为 0.731。结果发现,长汀县有 311.66km^2 的林地发生不同程度的林下水土流失,其中有 13.35% 的土壤侵蚀强度达到中度。通过遥感方法识别出的林下水土流失区的空间分布位置可为该县今后深入治理水土流失提供目标靶区。

杨旺鑫等选取丹江口库区及上游治理的 38 条小流域为研究对象,进行水土流失治理成效评价。以 2007 年与 2010 年 ALOS 遥感影像为信息源,根据原始遥感影像携带的校正参数对遥感影像进行大气校正、轨道校正和辐射校正;其次,对遥感影像进行几何校正,控制点选择在治理区中容易精确定位的特征点。把经过几何纠正的 ALOS 全色遥感影像和多光谱遥感影像进行融合处理,利用数字高程模型,加入高程信息,将融合影像纠正为正射投影影像。根据 ALOS 影像各波段的光谱效应、解译土地利用与植被覆盖度的监测要求,选取 4、3、2 三波段进行假彩色合成,将生成的影像与小流域边界图叠加,裁剪出小流域的图像。2011 年长江流域水土保持监测中心站对丹江口库区及上游遥感监测小流域进行野外调查,建立了遥感影像解译标志。根据遥感影像判读解译的基础原理和野外调查所建立的解译标志,采用人工目视判读法在计算机上直接进行图斑勾绘和属性判定。解译完成后长江流域水土保持监测中心站对解译成果进行了野外复核,经复核本次解译的结果平均正确率为 92.30%。地面坡度提取与分级,人工目视判读法解译得到每条小流域 2007 年和 2010 年两个断面年的土地利用类型图,利用 ENVI 遥感处理软件从 ALOS 影像上提取归一化植被指数 NDVI,然后根据像元二分模型计算得到植被覆盖度。将坡度分级图、土地利用类型分级图和植被覆盖度等级图进行空间叠加分析,得到各条小流域 2007 年与 2010 年的土壤侵蚀强度分级图。把各条小流域分析结果汇总,利用 2007 年(治理前)、2010 年(治理后)坡度、地利用、植被覆盖度、土壤侵蚀的汇总结果来评价水土流失治理工程的总体成效。

李彦涛[20] 应用遥感技术与通用 USLE 相结合,研究蓟州区山区的土壤侵蚀。通用土壤流失方程是表示坡地土壤流失量与主要影响因子间定量关系的数学侵蚀模型,该方程同时考虑降水、土壤的可蚀性、地表植被覆盖情况、地形坡度坡长和水土保持措施五大因子。

该研究收集监测区 2010～2012 年的 TM 影像数据与 2012 年的 Rapid. Eye 影像、基础地理信息、监测区雨量站逐日观测、下垫面土壤分布情况、水土保持规划、水土保持工程实施情况、区内社会经济情况数据,利用数据计算 NDVI 获取地表植被覆盖因子,最终计算其近 3 年的土壤侵蚀量,研究结果表明,蓟州区山区属于轻度侵蚀级别,低于国家划定的北方土石山区中度侵蚀级别的标准,经多年的水土流失治理,该地的水土流失情况得以控制。

二、水利灌溉

为保证作物正常生长,获取高产稳产,必须供给作物以充足的水分。在自然条件下,往往因降水量不足或分布不均匀,不能满足作物对水分的要求,因此,必须人为地进行灌溉,以补天然降雨之不足。截至 2019 年 7 月,我国灌溉面积达到 11.1 亿亩(7400 万 hm^2),居世界第一,其中耕地灌溉面积 10.2 亿亩(6800 万 hm^2),占全国耕地总面积的 50.3%。

在灌区现代化管理中,遥感技术发挥的作用越来越重要。从灌区土地利用类型、作物种植结构、田间土壤水分、有效灌溉面积到实际灌溉面积的快速监测,遥感技术可为灌区管理提供有效的时空数据支撑和决策科学依据。

干旱区灌区大量引水灌溉造成灌溉地地下水位明显高于非灌溉地,进而导致地下水、盐从灌溉地向非灌溉地的迁移(内排水)及盐分在非灌溉地的积累(旱排)。为分析灌溉地与非灌溉地间的水、盐迁移,于兵等[27]建立基于遥感蒸散发的灌溉地—非灌溉地水、盐平衡模型,应用于内蒙古河套灌区中西部 4 县(旗、区)。采用混合双源遥感蒸散发 HTEM 模型以及 Terra 卫星搭载的 MODIS 遥感影像对灌区生长季内(4 月～10 月)不同土地利用类型的地表蒸散发量进行估算。HTEM 模型利用植被指数—地表温度梯形空间对植被和土壤的表面温度进行确定,并利用混合双源模式对有效净辐射进行组分间的分配,进而估算地表能量平衡中的各能量通量。将遥感蒸散发 HTEM 模型计算得到的生长季蒸散发量与冻融期蒸散发量相加得到灌区全年的分区地表蒸散发量。实验结合遥感蒸散发 HTEM 模型计算得到的植被生长期蒸散发对河套灌区的旱排作用进行分析,更为准确地确定了灌溉地和非灌溉地的水量平衡模型上边界,对内排水和旱排对于灌溉地土壤盐渍化控制具有重要作用,在灌区排水、排盐规划中应综合考虑排水工程系统与内排水、旱排的作用。

宋文龙等[28]利用遥感数据在对我国西北干旱半干旱区典型渠灌灌区开展灌溉面积遥感监测研究。研究区域是东雷二期抽黄灌区,灌区灌溉方式为抽取黄河水进行渠道引水漫灌。数据源为 2018 年 GF—1 号 16m 多光谱数据,使用 2018 年研究区云覆盖量低于 15% 的影像,并编译成由 92 个波段组成的数据集(共有 23 景数据,每景 4 个波段),此数据集用于准确获取不同类别的时序光谱特征信息。对遥感数据进行辐射定

标、几何校正、大气校正等预处理,并计算 NDVI 得到研究区各像元 ND-
VI 时间序列曲线,用于提取灌溉信息。针对高分辨率遥感影像,将光谱
匹配方法应用于像元尺度,保证所有像元的时序光谱曲线参与匹配计算,
减少聚类过程造成的误差,并引入 OTSU 自适应阈值算法自动确定灌溉
面积提取阈值。首先进行光谱匹配,将样本光谱和待测光谱相似度进行
量化。以实地采样获取的灌溉区域玉米和小麦的 NDVI 时间序列曲线分
别作为端元光谱,利用上述衡量光谱相似度的指标计算研究区每个像元
的光谱相似值(spectral. similarity. value,SSV)。同类型的光谱相似度越
高,SSV 值越低;不同类型的光谱相似度越低,SSV 值越高。需要确定合
理分割阈值,当 SSV 值小于该阈值时与端元光谱识别为同一类别。因
此,引入 OTSU 自适应阈值算法计算 SSV 分割阈值来判断是否为小麦
或玉米的灌溉区域,小于该阈值即为灌溉区域,从而识别研究区的灌溉面
积空间分布情况。该方法能更有效识别小田块灌溉分布及建设用地信
息,在作物种植强度及其灌溉面积分布方面更符合我国实际情况,可为干
旱监测预警、灌溉面积监测、灌溉用水效益评估等提供技术保障。

　　韩宇平等 129 基于人民胜利渠灌区 2017 年的 Landsat8 卫星数据和
2012 年的 MODIS 卫星数据,探索不同水源的灌溉面积的遥感分类方法。
该研究使用的 NDVI 时序数据是指不同时段的 NDVI 数据按时间先后顺
序叠加而成的数据集,每个时间代表 1 个波段,在时间轴上每个波段的
NDVI 值就会形成 1 条 NDVI 时间序列曲线。研究认为,不同水源灌溉
的作物 NDVI 时间变化曲线具有不同的特征。由于渠灌的灌溉水量多于
井灌,渠灌作物的 NDVI 峰值更大,并且能在高值区保持更长时间;井灌
的灌溉水量较少,井灌作物的 NDVI 峰值较小,NDVI 下降快;井灌区域
的 NDVI 比渠灌区域增长得更早,NDVI 曲线的波动程度较小。该研究
采用波谱角填图(spectral. angle. mapper,SAM)方法,灌区其他区域的光
谱曲线和典型样本的光谱进行匹配和分类,将 0.4°定为最大向量夹角;采
用 K−means 非监督分类方法比较灌区不同栅格的 NDVI 时间序列曲线
特征进行分类,分类数量为 40,最大迭代次数为 15。实验结果表明:①非

监督分类方法并不适用于灌区尺度的灌溉水源分类;②Landsat8 影像数据的空间分辨率较高,基于 NDVI 时序数据采用监督分类的分类效果较好,分类精度为 73.58%;③典型样本曲线在一定程度上影响分类的结果,获得典型样本曲线是采用 SAM 分类方法的重点,也是提高灌溉水源分类精度的关键。

第四节　　水旱灾害的防治与监测预警

水灾与旱灾之间,不论在形成的原因上或是在治理措施上,都存在着相当密切的关系,受季风气候影响,中国的洪水和干旱灾害同时并存,既存在"水多"又存在"水少"的情况。水旱灾害监测是遥感水利应用开展最早的领域之一。水利部遥感技术应用中心自 20 世纪 80 年代开始开展防汛遥感试验,90 年代开展早期遥感监测方法研究,本书将简要介绍遥感技术在洪灾、旱灾预警方面的应用。

一、洪水防治与监测预警

2019 年全国大部降水偏多,总体呈现"南北多、中间少"。其中,6 月~8 月,南方地区多轮降雨过程集中且重叠,主雨带始终在广西、江西、湖南等地徘徊,导致广西、江西、湖南、贵州、四川 5 省(区)发生严重洪涝灾害,造成较重人员伤亡和严重直接经济损失。7 月~8 月,西北、东北等地出现持续性较强降雨,黑龙江、松花江等多条河流超警戒水位,农作物大面积受灾。江苏、安徽、湖北、河南、山东等长江以北至黄河流域多省汛期降雨量较常年同期明显偏少,洪涝灾情为近年同期低值水平。2018 年我国水灾受灾面积 395 万 hm²,2019 年我国水灾受灾面积 668 万 hm²,比上年增长 273 万 hm²,同比增长 69.11%。

洪涝灾害的发生一般具有突发性特点,要进行洪涝灾害的预警预报需要对洪涝灾害相关信息进行及时、准确、可靠的采集和反馈。在评价和分析洪水灾害风险时,遥感技术获取了大部分的数据信息,主要包括承灾体信息和孕灾环境信息两大类。其中,孕灾环境信息包括湖泊、水系、植被、地形、三角洲、冲积扇、河漫滩沼泽、旧河道、天然冲积堤等水体分布信息;铁路、公路、居民地、耕地、土地利用等为承灾体主要信息。通过对承灾体信息和孕灾因子的提前监测分析,可以有效减少人、财、物的损失。

彭建等 130 以深圳市茅洲河流域为例,基于土地用途转换及其在小范围内影响模型(the Conversionof Land Use and its Effects at Small Region Extent,CLUE-S)、土壤保护服务模型(soil conservation service,SCS)等体积淹没算法等,对 12 种暴雨洪涝致灾-土地利用承灾情景下的城市暴雨洪涝灾害风险进行定量模拟。该研究对获取的 Landsat 系列遥感数据采用监督分类的方法将研究区解译分类为耕地、园地、林地、建设用地、水体、湿地、未利用地和草地等八种地类,并结合 NDWI、NDVI、NDBI 等对解译结果进行修正,从而获得 1995 年、2000 年、2005 年、2010 年及 2013 年 5 期土地利用图作为土地利用变化模拟的基础数据,并利用 CLUE-S 模型获得 2011~2020 年共计 10 年的研究区土地利用空间格局情景;基于各气象站点的概率密度曲线和超越概率曲线,确定十年遇、二十年遇、五十年遇和百年遇四种重现期情景下的暴雨致灾危险性,采用普通克里金插值方法获得研究区 4 种致灾危险性水平下的连续三日累计降水量空间分布;确定 CLUE-S 模型模拟的 2013 年土地利用空间分布为基期土地利用情景,2016 年为近期土地利用情景,2020 年为远期土地利用情景,4 种暴雨致灾危险性情景与 3 期土地利用情景的交叉组合构成暴雨洪涝致灾、承灾的 12 种模拟情景,并使用 SCS 模型等体积淹没算法等对 12 种暴雨洪涝致灾-土地利用承灾情景下的城市暴雨-入渗-产流-汇流-洪涝等过程进行模拟研究,结果表明,随着暴雨致灾危险性的增加,暴雨洪涝灾害高风险区面积呈现明显的增加趋势;而对于相同的暴雨致灾危险性情景,随着建设用地面积的增加,暴雨洪涝灾害中等风险和高风险区范围也呈现较为明显的增加趋势,二者呈现非线性协同变化关系。这表明尽管暴雨是区域暴雨洪涝灾害的主要致灾因子,以建设用地面积增加、生态用地面积减少为主要特征的城市土地利用变化,将引起地表径流量及淹没区面积和淹没水深增大；土地利用变化引起的暴雨洪涝灾害响应不容忽视。因此，在加强易涝区地下管网存蓄泄洪能力建设的同时，严格控制建设用地规模、优化土地利用空间格局，是增强城市暴雨洪涝灾害风险防范能力的重要景观途径。

Shahabi 等利用装袋算法（Bagging）和不同分类器集合的模型，提取洪涝灾害易发区。该研究以伊朗北部哈拉兹流域为研究对象，利用 Sentinel—1 传感器的数据确定洪水灾害区，选择 10 个条件因子（坡度、高程、曲率、水流强度、地形湿度、岩性、降雨、土地覆盖、河流密度和河流距离），使用袋装分类器和 K—最近邻（k—Nearest Neighbor，KNN）粗分类器 Coarse. KNN、余弦分类器 Cosine. KNN、立方分类器 Cubic. KNN 和加权基础分类器 Weighted. KNN 的新集合模型，对伊朗北部哈拉兹流域的洪水易发性进行空间预报。Bagging 算法通过结合几个模型降低泛化误差，分别训练几个不同的模型，然后让所有模型表决测试样例的输出，以提高预测精度和一致性。实验结果表明，10 个条件因子中按重要性递减的顺序排列为河流距离（0.198）、坡度（0.186），曲率（0.160），河流密度（0.150），高程（0.135），地形湿度（0.124），岩性（0.059），降雨（0.053），水流强度（0.043）和土地覆盖（0.002）。Bagging Cubic KNN 模型的洪水建模表现优于其他模型，它降低了训练数据集地过拟合和方差问题，提高 Cubic—KNN 模型的预测精度并由此生成洪水易发区，可广泛应用于洪水易发区的预测管理。

二、干旱防治与监测预警

干旱灾害主要发生在当地河水的枯水期，中国的枯水期在冬季和春季（华北和东北的春旱），旱灾主要发生在冬季和春季。但长江中下游地区比较特殊因为 7、8 月份雨带已经北移，当地正值三伏天，降水稀少，因此该地 7、8 月份易患旱灾。2018 年我国旱灾受灾面积 771.2 万 hm²，2019 年我国旱灾受灾面积 783.8 万 hm²，比上年增长 12.6 万 hm²，同比增长 1.63%，表明干旱灾害在我国的普遍性和严重性。

遥感监测可以通过测量土壤表面反射或发射的电磁能量,探讨获取的信息与土壤湿度之间的关系,从而反演出地表土壤湿度,获得干旱时空上的变化状况同时长期动态监测。不同遥感手段对干旱预测的原理不同。在可见光与近红外波段,不同湿度的土壤具有不同的地表反照率,通常湿土的地表反照率比干土低,可以利用地表温度获得土壤热惯量,从而进行估测土壤湿度。微波遥感通常采用土壤介电特性进行表征,土壤的介电常数随土壤变化而变化,表现于遥感图像上将是灰度值和亮度温度的变化,综合利用不同波段的遥感探测方式,能够有效地进行干旱防治与监测预警。

NDVI 数据采用最大值合成方式进行时间序列上的合成,LST 影像分别取平均值和最大值进行时间序列上的合成,根据 NDVI-LST 二维空间,获取每个 NDVI 值对应的 LST 的最大和最小值,通过最小二乘法进行拟合,通过干、湿边计算每一个像元的 TVDI 值,利用降水指标来验证 TVDI 干旱预测结果,采用降水距平百分率作为干旱验证指标,探讨两种 LST 数据合成方式 TVDI 干旱预测精度的影响。实验结果表明:LST 平均值合成构建的干旱指数 TVDI 与降水距平百分率的相关性在不同时间尺度上表现出较大差异,上旬和中旬 TVDI 与降水距平百分率均不存在相关性,下旬和全月 TVDI 与降水距平百分率存在显著负相关性($p < 0.01$),相关系数分别为 -0.31 和 -0.34;LST 最大值合成构建的干旱指数 TVDI 与降水距平百分率在不同时间尺度上均存在显著负相关性($p < 0.01$ 或 $p < 0.05$),上旬、中旬、下旬及全月相关系数分别为 -0.29、-0.25、-0.31、-0.41,表明在月尺度上采用 LST 最大值合成方式构建 TVDI 指数对干旱预测效果更好。

由于气候变化,以往气象资料为基础的干旱预报的不确定性越来越大。农业干旱与粮食资源密切相关且由土壤湿度决定,因此通过提前几个月的干旱预测以便及时分配资源,减少作物损失。Park 等提出一个在没有气象资料的情况下短期干旱的严重干旱区域预测(Severe Drought Area Prediction,SDAP)模型,该模型预测的是假设无降雨情况下的严重干旱地区,而不是干旱发生的概率预测。该研究以韩国西部的 12 个行政区为研究对象,获取该区域的 Landsat－8 影像和 SRTM 的 30mDEM,然后定义四类可以在短期干旱期间影响土壤水分的表面因子(即植被、地形、水和热因子),计算土壤湿度指数(Soil Moisture Index,SMI)。

土壤湿度亦称土壤含水率,能够用来表征干旱情况。薛峰等 134 采用基于能量辐射传输方程的地表参数反演模型(Land Parameter Retrieving Model,LPRM)反演地表土壤湿度从而服务于干旱预测研究。LPRM 模型是基于极地轨道被动微波资料的土壤湿度算法,利用双通道微波遥感数据来反演植被光学厚度以及土壤介电常数,并通过土壤介电常数求取土壤湿度。LPRM 土壤湿度反演算法是基于微波极化差异指数(Microwave Polarization Difference Index,MPDI),微波极化指数的数值大小与土壤湿度和植被状况密切相关,在有植被覆盖的地区,植被冠层上方的上行辐射可以与辐射亮温通过以下辐射传输方程建立联系。

第一项是经植被层削弱的土壤上行辐射,第二项考虑植被层自身的上行辐射,第三项是植被的下行辐射经过土壤的向上反射后又再次被植被层削弱后的上行辐射。

该研究利用 LPRM 模型反演 2011 年 7 月 12 日～2014 年 7 月 31 日全球逐日土壤湿度资料,其空间分辨率为 $0.25° \times 0.25°$。研究结果获得研究时段内中国区域三年的平均土壤湿度空间分布,我国西北内陆地区是非常典型的干旱地区,土壤湿度较低,我国东北地区、长江中下游地区、华南地区较为湿润,土壤湿度较高,采用辐射传输模型反演的 FY－3B 土壤湿度能够比较准确地描述我国土壤湿度的时空变化特征,同时也为干旱的预测打下理论基础。

第六章　水文水资源管理技术与体系构建

水资源保护不但需要强大的水资源保护技术，更需要完善的水文水资源管理技术以及全面的水资源管理体系，因此本章首先介绍了水文水资源管理的目标、原则与内容，然后对水资源管理的技术创新发展、水资源管理的体系构建进行了详细介绍，最后对水文水资源管理的可持续发展进行了深入探讨。

第一节　水文水资源管理的目标、原则与内容分析

一、水资源管理的目标

水资源管理总的要求是水量水质并重，资源和环境管理一体化。其具体目标可概括为：改革水资源管理体制，建立权威、高效、协调的水资源统一管理体制；以《中华人民共和国水法》为根本，建立完善的水资源管理法规体系，保护人类和所有生物赖以生存的水环境和水生态系统；以水资源和水环境承载能力为约束条件，合理开发水资源，提高水的利用效率；发挥政府监管和市场调节作用，建立水权和水市场的有偿使用制度；强化计划、节约用水管理，建立节水型社会；通过水资源的优化配置，满足经济社会发展的需水要求，以水资源的可持续利用支持经济社会的可持续发展。实施水资源管理，做到科学、合理地开发利用水资源，支持社会经济发展，改善生态环境，达到水资源开发、社会经济发展及自然生态环境保护相互协调的最终目标。

二、水资源管理的原则

关于水资源管理的原则，也有不同的提法。水利部几年前就提出"五统一、一加强"，即："坚持实行统一规划、统一调度、统一发放取水许可证、统一征收水资源费、统一管理水量水质，加强全面服务"的基本管理原则。在1987年出版的《中国大百科全书·大气科学·海洋科学·水文科学》卷中陈家琦等人提出水资源管理的原则：一是效益最优；二是地表水和地下水统一规划，联合调度；三是开发与保护并重；四是水量和水质统一管理。冯尚友在《水资源持续利用与管理导论》中提出水资源管理原则：一是开发水资源、防治水患和保护环境一体化；二是全面管理地表水、地下水和水量与水质；三是开发水资源与节约利用水资源并重；四是发挥组织、法制、经济和技术管理的配合作用。

作为水资源管理的原则，总体应遵循以下几点：

(一)开发水资源、防治水患和保护环境一体化

开发水资源是为了满足人民和国民经济发展需要，防灾减灾和保护环境是为了支持和维护资源的持续生成和全社会的有序发展，三者同是可持续发展战略的有力支柱，缺一不可。开发水资源、防治水患和保护环境的最终目的是维持人类的生存与发展。开发是人类永恒的活动，而防治和保护则是开发利用的必要条件。因此，开发、防治与保护必须结合，而且要实施开发式的防治和保护，变防治和保护的被动性为开发式的主动性。

(二)地表水、地下水的水质与水量全面管理

地表水和地下水是水资源开发利用的直接对象，是水资源的两个组成部分，且二者具有互补转化和相互影响的关系。水资源包括水量和水质，二者互相影响，共同决定和影响水资源的存在和开发利用潜力。开发利用任一部分都会引起水资源量与质的变化和时空的再分配。因此，充分利用水的流动性和储存条件，联合调度、统一配置和管理地表水与地下水，对保护水资源、防治污染和提高水的利用效率是非常必要的。

同时,由于水资源及其环境受到的污染日趋严重,可用水量逐渐减少,已严重地影响到水资源的持续开发利用潜力。因此,在制订水资源开发利用规划、供水规划及用水计划时,水量与水质应统一考虑,做到优水优用,切实保护。对不同用水户、不同用水目的,应按照用水水质要求合理供给适当水质的水,规定污水排放标准和制定切实的水源保护措施。

(三)统一管理

水资源应当采取流域管理与区域管理相结合的模式,实行统一规划、统一调度,建立权威、高效、协调的水资源管理体制。调蓄径流和分配水量,应当兼顾上下游和左右岸用水、航运、竹木流放、渔业和保护生态环境的需要。统一发放取水许可证,统一征收水资源费。取水许可证和水资源费体现了国家对水资源的权属管理、水资源配置规划和水资源有偿使用制度的管理。《水法》《取水许可制度实施办法》对从地下、江河、湖泊取水实行取水许可制度和征收水资源费制度。它们是我国水资源管理的重要基础制度,是实施水资源管理的重要手段。对优化配置水资源,提高水资源利用效率,促进水资源全面管理和节约保护都具有重要的作用。[①]实施水务纵向一体化管理是水资源管理的改革方向,建立城乡水源统筹规划调配,从供水、用水、排水,到节约用水、污水处理及再利用、水源保护的全过程管理体制,将水源开发、利用、治理、配置、节约、保护有机地结合起来,实现水资源管理空间与时间的统一、质与量的统一、开发与治理的统一、节约与保护的统一,达到开发利用和管理保护水资源的经济效益、社会效益、环境效益的高度统一。

(四)保障人民生活和生态环境基本用水,统筹兼顾其他用水

《水法》规定,开发利用水资源,应当首先满足城乡居民生活用水,统筹兼顾农业、工业、生态环境以及航运等需要。在干旱和半干旱地区开发利用水资源应当充分考虑生态环境用水需要。在水源不足地区,应当限制城市规模和耗水量大的工业、农业的发展。

---

① 张立中.水资源管理[M].第3版.北京:中央广播电视大学出版社,2014.

水是人类生存的生命线,是经济发展和社会进步的生命线,是实现可持续发展的重要物质基础。世界各国管理水资源的一个共同点就是将人类生存的基本需水要求作为不可侵犯的首要目标肯定下来。随着我国生态环境日趋恶化,生态环境用水也越来越重要,从生态环境需水的综合效应和对人类可持续发展的影响考虑,把它放到与人类基本生活需水要求一起考虑是必要的。我国是人口大国、农业大国,历来粮食安全问题就是关系国计民生的头等大事,合理的农业用水比其他用水更重要。在满足人类生活、生态基本用水和农业合理用水的条件下,将水合理安排给其他各业建设与发展运用,是保障我国经济建设和实现整个社会繁荣昌盛、可持续发展的重要基础。

(五)坚持开源节流并重,节流优先、治污为本的原则

我国人均水资源量较少,只相当于世界人均占有量的 1/4,属于贫水国家,且时空分布不均匀,这大大增加了对水资源开发与利用的难度。我国北方与南方水资源分布极度不均,紧张与浪费并存,用水与污染同在,呈现极不协调的现象,严重影响了我国水资源利用效率和维持社会持续发展的支撑能力。

《水法》规定国家厉行节约用水,大力推行节约用水措施,推广节约用水新技术、新工艺,发展节水型工业、农业和服务业,建立节水型社会。各级人民政府应当采取措施,加强对节约用水的管理,建立节约用水技术开发推广体系,培育和发展节约用水产业;国家对水资源实施总量控制和定额管理相结合的制度,根据用水定额、经济技术条件以及水量分配方案确定的可供本行政区域使用的水量,制订年度用水计划,对本行政区域内的年度用水实行总量控制;各单位应当加强水污染防治工作,保护和改善水质,各级人民政府应当依照水污染防治法的规定,加强对水污染防治的监督管理。而我国制订南水北调方案时,也遵循"先节水后调水、先治污后通水、先环保后用水"的基本原则。这对管理和改善我国水源不足与浪费并存,水源不足与污染并存的现状具有十分重要的指导意义。根据我国人口、环境与发展的特点,建设节水型社会,提高水利用效率,发挥水的多

种功能,防治水资源环境污染,是实现经济社会持续发展的要求。只有实现了开源、节流、治污的辩证统一,才能实现水资源可持续利用战略,才能增强我国经济社会持续发展的能力,改善人民的物质生活条件。

三、水资源管理的主要内容

(一)确定管理的总体目标与指导思想

与水资源规划工作相似,在开展水资源管理工作之前,要首先确定水资源管理的目标和方向,这是管理手段得以实施的依据和保障。在对水库进行调度管理时,丰水期要以防洪和发电为主要目标,而枯水期则要以保障供水为主要目标。

与水资源规划工作相似,指导思想同样是水资源管理的"灵魂",有什么样的指导思想就会采取什么样的管理措施。本书前面提到的指导思想有可持续发展思想、人水和谐思想、最严格水资源管理制度、水生态文明理念。

(二)资料的收集、整理和分析

资料的收集、整理和分析是最烦琐而又最重要的基础工作之一。通常,掌握的情况越具体、收集的资料越全面,越有利于水资源管理工作的开展。

水资源管理需要收集的基础资料,与水资源规划类似,包括有关的经济社会发展资料、水文气象资料、地质资料、水资源开发利用资料以及地形地貌资料等。

在资料收集、整理之后,还要对资料进行分析,确定哪些资料是用于水资源管理措施制定时使用或参考,哪些资料作为实时的信息需要在管理过程中不断获取、传输和更新。

这是实现水资源管理实时调度的基础。

(三)实时信息获取与传输

实时信息的获取与传输是水资源管理工作得以顺利开展的基础条

件,通常需要获取的信息有水资源信息、经济社会信息等。水资源信息包括来水情势、用水信息以及降水观测等。经济社会信息包括与水有关的工农业生产变化、技术革新、人口变动、水污染治理以及水利工程建设等。总之,需要及时了解与水有关的信息,为未来水利用决策提供基础资料。

为了对获得的信息迅速做出反馈,需要把信息及时传输到处理中心。同时,还需要对获得的信息及时进行处理,建立水情预报系统、需水量预测系统,并及时把预测结果传输到决策中心。资料的采集可以运用自动测报技术;信息的传输可以通过无线通信设备或网络系统来实现。

(四)水资源评价及水资源问题剖析

在水资源评价工作的基础上,正确了解研究区水资源系统状况,科学分析存在的水资源问题,比如水短缺、水污染等,这是科学制定水资源管理措施的重要基础。

(五)水资源管理现状及问题分析

调查统计主要经济社会指标、供水基础设施及其供水能力、供水量、用水量、供水水质,评价用水水平和用水效率,评价水资源的开发利用程度。对不合理的水资源开发利用进行分析总结,剖析水资源管理带来的问题,总结水资源管理本身存在的问题。

(六)归纳水资源管理需要解决的问题及主要工作内容

在以上分析的基础上,归纳研究区水资源管理目前需要解决的问题,进一步确定水资源管理的主要工作内容。可以根据研究区水资源条件、存在的管理问题以及工作任务,具体选择水资源管理主要内容。

(七)水资源管理方案选择与论证

在以上大量研究工作的基础上,对水资源管理方案选择与论证,大致有两种途径:一是对选定的水资源管理方案进行对比分析,通过定性、定量相结合手段,分析确定选择的水资源管理方案;二是根据研究区的社会、经济、生态环境状况、水资源条件、管理目标,建立该区水资源管理模型,通过对该模型的求解,得到最优管理方案。

(八)制定水资源管理措施

根据比选得到的水资源管理方案,统筹考虑水资源的开发、利用、治理、配置、节约和保护,研究制定相应的具体措施,并进行社会、经济和环境等多准则综合评价,最终确定水资源管理措施。

(九)水资源管理实施的可行性、可靠性分析

对选择的管理方案实施的可行性、可靠性进行分析。可行性分析,包括技术可行性、经济可行性,以及人力、物力等外部条件的可行性;可靠性分析,是对管理方案在外部和内部不确定因素的影响下实施的可靠度、保证率的分析。

(十)水资源运行调度与实时管理

水资源运行调度是对传输的信息,在通过决策方案优选、实施可行性、可靠性分析之后,做出的及时调度决策。可以说,这是在实时水情预报、需水预报的基础上,所做的实时调度决策。

第二节　水资源管理的技术创新发展

人类社会的不断发展,使得水资源问题越来越突出,类型也越来越复杂。解决人类所面临的各种水问题,实现对水资源合理的开发、利用和保护,是水资源管理的主要目标。而这一目标的实现,需要借助于各种先进技术手段。现代科学技术的不断发展与进步,为人类进行科学的水资源管理提供了有力的技术支持,使得水资源管理工作的开展更科学、合理和高效。3S 技术、水资源监测技术、节水技术、污水处理技术、海水利用技术、现代信息技术等在水资源管理中都发挥了有力的作用。本节将对这些技术做一简单介绍。

一、3S 技术

(一)3S 技术简介

3S 技术是以地理信息系统(GIS)、遥感技术(RS)、全球定位系统

(GPS)为基础,将这三种技术与其他高科技(如网络技术、通信技术等)有机结合成一个整体而形成的一项新的综合技术。它充分集成了 RS、GPS 高速与实时的信息获取能力、CIS 强大的数据处理和分析能力,可以有效进行水资源信息的收集、处理和分析,为水资源管理决策提供强有力的基础信息资料和决策支持。

地理信息系统(GIS)是以空间地理数据库为基础,利用计算机系统对地理数据进行采集、管理、操作、分析和模拟显示,并用地理模型的方法,实时提供多种空间信息和动态信息,为地理研究和决策服务而建立起来的综合的计算机技术系统。GIS 以计算机信息技术作为基础,强化了对空间数据的管理、分析,处理能力,有助于为决策提供支持。

遥感(RS)技术是 20 世纪 60 年代发展起来的,是一种远距离、非接触的目标探测技术和方法,它根据不同物体因种类和环境条件不同而具有反射或辐射不同波长电磁波的特性来提取这些物体的信息,识别物体及其存在环境条件的技术。遥感技术可以更加迅速、更加客观地监测环境信息,获取的遥感数据也具有空间分布特性,可以作为地理信息系统的一个重要的数据源,实时更新空间数据库。

全球定位系统(GPS)是利用人造地球卫星进行点位测量的一种导航技术,通过接收卫星信息来给出(记录)地球上任意地点的三维坐标以及载体的运行速度,同时它还可给出准确的时间信息,具有记录地物属性的功能,具有全天候、全球覆盖、高精度、快速高效等特点,在海空导航、精确定位、地质探测、工程测量、环境动态监测、气候监测以及速度测量等方面应用十分广泛。

3S 技术的出现,为科学研究、政府管理、社会生产提供了新一代的观测手段、描述语言和思维工具。但是三者各有优缺点,3S 的结合应用能取长补短,RS 和 GPS 向 GIS 提供或更新区域信息及空间定位,GIS 进行相应的空间分析,从 RS 和 GPS 提供的海量数据中提取有用的信息。三者的集成利用,大大提高了各自的应用效率,在水资源管理中发挥着重要的作用。

(二)3S 技术在水资源管理中的应用

1. 水资源调查、评价

根据遥感获得的研究区卫星相片可以准确查清流域范围、流域面积、流域覆盖类型,河长、河网密度、河流弯曲度等。使用不同波段、不同类型的遥感资料,容易判读各类地表水的分布;还可以分析饱和土壤面积,含水层分布以及估算地下水储量。利用 GPS 进行野外实地定点定位校核,建立起勘测区域校核点分类数据库,可对勘测结果进行精度评价。

2. 实时监测

遥感资料具有获取迅速、及时、数据精确等特点,GPS 有精确的空间定位功能,GIS 具有强大的空间数据分析能力,可以用于水资源和水环境的实时监测。利用 3S 技术,可以对河流的流量、水位、河流断流、洪涝灾害等进行监测,也可以对水环境质量进行监测,也可以对造成水环境污染的污染源、扩散路径、速度等进行监测。3S 技术的出现,使人类更方便、快捷、及时地掌握水体的水量和水质相关信息,方便进行水文预测、水文模拟和分析决策。

3. 水文模拟和水文预报

CIS 对空间数据具有强大的处理和分析能力。将所获取的各种水文信息输入 GIS 中,使 GIS 与水文模型相结合,充分发挥 GIS 在数据管理、空间分析、可视化等方面的功能,构建基于数字高程模型的现代水文模型,模拟一定空间区域范围内的水的运动。也可以通过 RS 接收实时的卫星云图、气象信息等资料,结合实时监测结果,基于 GIS 平台并利用预测理论和方法,对各水文要素如降水、洪峰流量及其持续时间和范围等进行科学、合理的预测。水文模拟和水文预报在水资源管理中应用非常广泛。比如,可以利用水文模拟进行水库优化调度,利用水文预报为水量调度和防汛抗灾等决策提供科学、合理和及时的依据等。

4. 防洪抗旱管理

3S 技术在洪涝灾害防治以及旱情分析预报等工作中都有应用。基于 GIS 的防洪决策支持系统可以建立防洪区域经济社会数据库,结合

CPS 和 RS 可以动态采集洪水演进的数据、分析洪水情势,并借助于系统强大的数据管理、空间分析等功能,帮助决策者快速、准确地分析滞洪区经济社会重要程度,选择合理的泄洪方案。此外,3S 技术的结合还可对洪灾损失及灾后重建计划进行评估,也可以利用 GIS 结合水文和水力学模型用于洪水淹没范围预测。同样,3S 技术也可以用于旱灾的实时监测和抗旱管理中。遥感传感器获取的数据可以及时地直接或间接反映干旱情况,再利用 GIS 的数据处理、分析等功能,显示旱情范围、程度,预测其发展趋势,辅助决策制定。

5. 水土保持和泥沙淤积调查

利用 3S 技术可以建立影响水土流失因素(地质条件、地貌类型等因素)的数据库,具体方法目前主要是根据各类主题图进行数字化输入,然后从卫星影像上提取已经变化的土地利用类型和植被覆盖度,再从数字高程模型中计算出坡度、坡长,利用水土流失量和各流失因子之间的数学模型计算出流失量,进行土壤侵蚀和水土流失研究,最后输出结果。根据上述的水土流失各因子的数据库和自然因素的变化,考虑人类活动影响的现状及将来的发展趋势,可在 GIS 的支撑下做出水土保持规划。此外,利用遥感技术能够真实、具体、形象、及时地反映下垫面情况的特点,可以作为河道、河口、湖泊、水库等泥沙淤积调查的首选工具,并在监测的基础上基于 GIS 平台对淤积及由此引起的水势变化进行分析、预测,为防洪、航运、水库调度等提供决策支持。

6. 构建水资源管理信息系统

基于 3S 技术,结合网络、通信、数据库、多媒体等技术可以构建水资源管理信息系统,自动生成流域自然地理和社会要素地图,以及流域水资源供需图、灌溉规划图水污染分布图、土地利用图等,利用这些图库的属性数据结合空间数据,支持水资源规划和管理活动,可以有效地提高效率,减少重复劳动、节约投资。

7. 水资源工程规划和管理

3S 技术也可应用于大型水利水电工程及跨流域调水工程对生态环境的监测和评价中。

如利用 3S 技术进行水利水电枢纽工程地质条件的调查、评价及动态监测,对水利工程的选址进行勘察、分析、评价,对水库上游水土流失调查以及对水库淤积进行趋势预测等。

3S 技术的应用,也为流域综合规划和管理提供了有效的技术手段。

二、水资源监测技术

水资源监测技术是有关水资源数据的采集、存储、传输和处理的集成,可以为水资源管理提供支持。随着科技水平的不断发展,水资源监测技术也在不断进步。特别是 3S 技术的发展,也推动了水资源监测在实时性、精确性、自动化水平等方面的提高。

水资源监测技术主要指的是水文监测,主要监测江、河、湖泊、水库、渠道和地下水等的水文参数,如水位、流量、流速、降雨(雪)蒸发、泥沙、冰凌、土壤、水质、墒情等。传统的人工监测技术对数据的记录以模拟方式为主,精确度不高,即使是数字方式的记录也很难方便地输入计算机处理,且数据处理基本靠人工处理判断,费时易错;采集的水文信息实时性和准确性都较差。自动化技术的发展,使得水文监测的效率大大提高,如用于监测水位的浮子式水位计、压力式水位计、电子水尺和超声波水位计等,用于降雨量监测的翻斗式雨量计,都可以自动完成相关数据的采集和实时传输。[①]

水质监测是水资源监测中的另一项重要内容,也是随着水污染的不断加剧越来越引起重视的一项水资源监测内容。早期的水质监测主要采用人工抽查式的监测方法,主要是定时定点在某些监测站点抽取水样、带回实验室分析。但是,这种监测不能及时,准确地获取水质不断变化的动态数据。为了及时掌握水体水质的异常变化,在完善人工抽查式监测的同时,发展了水质移动监测系统和自动监测系统。水质移动监测系统是采用移动监测车,以便携式水质实验室和现场水质多参数分析仪为分析工具,对采集的样本迅速进行现场监测,测定其水质指标,采录污染现场,

---

① 刘贤娟,梁文彪.水文与水资源利用[M].郑州:黄河水利出版社,2014.

并通过移动通信设备及时将第一手资料上传至信息管理中心或相关部门。水质自动监测系统是由一个水质监测中心站控制若干个子站，设置若干个有连续自动监测仪器的监测站，实时对水质污染状况进行连续自动监测，形成一个连续自动监测系统。监测所得到的水质状况实时信息通过通信网络实时上传至水质监测中心或相关部门。

物理学、化学、生物学、计算机科学、通信技术、3S 技术等的发展，都为水资源监测技术的发展提供了有力的学科基础和技术支持，推动了水资源监测更及时、更准确、更有效地开展，从而为水资源管理决策提供了更精确、更实时的信息来源，使得决策更科学合理。

三、现代信息技术

20 世纪人类最伟大的创举就是造就了信息技术，并使其迅速发展，因其本身数据处理能力强大、运算速度快、效率高等优势，被迅速地应用于各个领域。在水资源管理中，水资源管理对象复杂，内容庞杂，对实效性要求高，信息技术的应用，大大提高了水资源管理的效率，是构建水资源管理信息系统必不可少的硬件。先进的网络、通信、数据库、多媒体、3S 等技术，加上决策支持理论、系统工程理论、信息工程理论可以建立起水资源管理信息系统，通过该系统可将信息技术广泛地应用于陆地和海洋水文测报预报、水利规划编制和优化、水利工程建设和管理、防洪抗旱减灾预警和指挥、水资源优化配置和调度等各个方面。

除以上所谈到的技术措施外，在水资源管理过程中，所用到的技术手段还有很多。从开源、节流、减排、治污等几个方面进行考虑，加强管理，可以找到更多提高水资源利用效率、解决水问题的技术措施，保证水资源管理工作的高效开展。

第三节　水资源管理的体系构建

一、水资源管理的组织体系

组织体系是按照一定的目的和程序组成的一种权责结构体系。水资源管理的组织体系是关于水资源管理活动中的组织结构、职权和职责划分等的总称。

　　我国是世界上开发利用水资源、防治水患最早的国家之一,历史上很早时期就设有水行政管理机构,中华人民共和国成立后,中央人民政府设立水利部,而农田水利、水力发电、内河航运和城市供水分别由农业部、燃料工业部、交通部和建设部负责管理,水行政管理并不统一,在相当长的一段时间内,在国家一级部门之间水资源管理也是各行其责的分管形式。直到 20 世纪 80 年代初,由于"多龙治水"的局面影响到水资源的开发利用和保护治理,国务院规定由当时的水利电力部归口管理,并专门成立了全国水资源协调小组,负责解决部门之间在水资源立法、规划、利用和调配等方面的问题;1988 年,国家重新组建水利部,并明确规定水利部为国务院的水行政主管部门,负责全国水资源的统一管理工作;1994 年,国务院再次明确水利部是国务院水行政主管部门,统一管理全国水资源,负责全国水利行业的管理等职责;此后,在全国范围内兴起的水务体制改革则反映了我国水资源管理方式由分散管理模式向集中管理模式的转变。在我国的水资源管理组织体系中,水利部是负责国家水资源管理的主要部门,其他各部门也管理部分水资源,如国土资源部门管理和监测深层地下水,生态环境部负责水环境保护与管理,现为住房和城乡建设部管理城市地下水的开发与保护,现为农业农村部负责建设和管理农业水利工程,省级组织中有水利部所属流域委员会和省属水利厅,更下级是各委所属流域管理局或水保局及市、县水利(务)局。两个组织系统并行共存,内部机构设置基本相似,功能也类似,不同之处是流域委员会管理范围以河流流域来界定,而地方政府水利部门只以行政区划来界定其管辖范围。

　　我国水资源管理体制中存在着两个主要问题:一个问题是"多龙治水",影响水资源的开发利用和保护治理,这一问题在我国很多城市已经得到了较好解决,成立水务局,实施水资源统一管理;另一个问题是水资源行政管理中的行政区域管理人为地将一个完整的流域划分开来,责权交叉多,难以统一规划和协调,极不利于我国水资源和水环境的综合利用和治理,需要深度加强流域委员会与省(市、自治区)到地方各级的水管理机构的协调与广泛合作,实现流域统一规划、统一管理。

二、水资源管理的法规体系

依法治国,是我国宪法所确定的治理国家的基本方略。水资源关系国民经济、社会发展的基础,在对水资源进行管理的过程中,也必须通过依法治水才能实现水资源开发、利用和保护的目的,满足经济、社会和环境协调发展的需要。

(一)法规体系基础

法规体系,也叫立法体系,是指国家制定并以国家强制力保障实施的规范性文件系统,是法的外在表现形式所构成的整体。比如,我国国务院制定和颁布的行政法规,省、自治区、直辖市人大及其常委会制定和公布的地方性法规。水资源管理的法规体系就是现行的有关调整各种水事关系的所有法律法规和规范性文件组成的有机整体。水法规体系的建立和完善是水资源管理制度建设的关键环节和基础保障。

中国古代有关水资源管理的法规最早可追溯到西周时期,在我国西周时期颁布的《伐崇令》中规定"毋坏屋、毋填井、毋伐树木、毋动六畜。有不如令者,死无赦",里面明令禁止填水井,违者斩,我们可以理解为这是当时政府凭借着国家的行政力量保护水资源而实施的一种管水制度。这大概是我国古代最早颁布的关于保护水源、动物和森林的法令。此后,我国历代封建王朝都曾颁布过类似的法令。可以考证,自春秋、战国、秦、汉、唐、宋、元、明、清,一直到中华民国,我国历代都比较重视水利事业的发展,修建了大量的水利工程,制定了较为详细的水事法律制度。

在国外历史上,也有很多国家制定了关于水资源开发、利用和保护等各项水事活动的综合性水法,有些国家还制定了水资源开发利用的专项法律。在欧洲,水法规则最早体现于罗马法系,其中著名的《十二铜表法》颁布于公元前450年前后;《查士丁尼民法大全》于公元534年完成,后来体现于大陆法系和英美普通法系的民法中;以及后来的如美国的《水资源规划法规》,日本的《河川法》《水资源开发促进法》《水污染防治法》《防洪法》等专项法规。

我国近代于 1943 年颁布实施《水利法》。此后,随着水问题的不断发展,我国水资源管理的法规也在不断修改与完善。

新中国成立后,我国在水资源方面颁布了大量具有行政法规效力的规范性文件,如 1961 年的《关于加强水利管理工作的十条意见》,1965 年颁布的《水利工程水费征收使用和管理试行办法》,1982 年颁布的《水土保持工作条例》等。1984 年颁布施行的《中华人民共和国水污染防治法》是中华人民共和国的第一部水法律,1988 年颁布的《中华人民共和国水法》是我国调整各种水事关系的基本法。此后又颁布了《中华人民共和国环境保护法》《中华人民共和国水土保持法》《中华人民共和国防洪法》等法律。此外,国务院和有关部门还颁布了相关配套法规和规章,各省、自治区、直辖市也出台了大量地方性法规,这些法规和规章共同组成了一个比较科学和完整的水资源管理的法规体系。

针对形势的变化和一些新问题的出现,我国于 2002 年 8 月 29 日又通过了修改后的《中华人民共和国水法》,并于 2002 年 10 月 1 日开始实施。新《水法》吸收了十多年来国内外水资源管理的新经验、新理念,对原《水法》在实施实践中存在的问题做了重大修改。新《水法》规定:"开发、利用、节约、保护水资源和防治水害,应当全面规划、统筹兼顾、标本兼治、综合利用、讲求效益,发挥水资源的多种功能,协调好生活、生产经营和生态用水。"因此,《水法》对于合理开发、利用、节约和保护水资源,防治水害实现水资源的可持续利用,适应国民经济和社会发展的需要具有重要意义。它的出台,标志着中国进入了依法治水的新阶段。

(二)水资源管理法规体系的作用、性质和特点

水资源管理的法规与其他法律规范一样,具有规范性、强制性、普遍性等特点,但因其主要规范与水资源开发、利用、保护等行为相关的过程中存在人与人的关系、人与自然的关系,因此它又具有其特殊的性质和特点。

1. 水资源管理法规体系的作用

水资源是人类赖以生存和发展的一种必需的自然资源,随着人类社会和经济的发展,对水资源的需求范围也越来越广,需求量越来越大。然

而,水资源又是一种有限资源,因此,必然会出现水资源的供需矛盾。这一矛盾的加剧又会带来水资源开发利用中人与人之间、人与自然之间的冲突发展。因此,必须用法律法规来规范人类的活动,进行有效的水资源管理。概括地说,水资源管理的法规体系,其主要作用就是借助国家强制力,对水资源开发、利用、保护、管理等各种行为进行规范,解决与水资源有关的各种矛盾和问题,实现国家的管理目标。具体表现在以下几个方面:

(1)确立水资源管理的体制。水资源管理是关系水资源可持续开发利用的事业,是关系国计民生的工作,其有效开展需要社会各界、方方面面的配合。因此,就需要建立高效的组织机构来承担指导和协调任务。一方面要确保有关水资源管理机构的权威性,另一方面要尽量避免管理机构及其人员滥用职权,因此有必要在有关水资源管理的法规中明确规定有关机构设置、分工、职责和权限,以及行使职权的程序。我国水资源管理的法规规定了我国对水资源实行流域管理与行政区域管理相结合的管理体制,这是我国水管理的基本原则;同时,科学界定了水行政主管部门、流域管理机构和有关部门的职责分工,明确了各级水行政主管部门和流域管理机构负责水资源统一管理和监督工作,各级人民政府有关部门按照职责分工负责水资源开发、利用、节约和保护的有关工作。

(2)确立一系列水资源管理制度和措施。水资源管理的法律法规确立了进行水资源管理的一系列制度,如水资源配置制度、取水许可制度、水资源有偿使用制度、水功能区划制度、排污总量管理制度、水质监测制度、排污许可审批制度和饮用水水源保护制度等,并以法律条文的形式明确了进行水资源开发、利用、保护的具体措施。这些具有可操作性的制度和措施,以法律的形式固定下来,成为有关主体必须遵守的行为规范,更好地指导人们进行水资源开发、利用和保护工作。

(3)确定有关主体的权利、义务和违法责任。各种水资源管理的法律法规规定了不同主体(指依法享有权利和承担义务的单位或个人,主要包括国家、国家机关、企事业单位、其他社会组织和公民个人)在水资源开发利用中的权利和义务,以及违反这些规定时应依法承担的法律责任。有关法规使人们明确什么样的行为是法律允许的,保障主体依法享有的对水资源进行开发、利用的权利,同时,也使得主体明确什么行为是被禁止的,若违反法律规定要承担什么样的责任;只有对违法者进行了制裁,受害人的权利才能得到有效保障。通过对主体权利、义务和责任的规定,法规对人们的水事活动产生规范和引导作用,使其符合国家的管理目标,有利于促进水资源的可持续利用。

(4)为解决各种水事冲突提供了依据。各国水资源管理的法律法规中都明确规定了水事法律责任,并可以利用国家强制力保证其执行,对各种违法行为进行制裁和处罚,从而为解决各种水事冲突提供了依据,而且,明确的水事法律责任规定,使各行为主体能够预期自己行为的法律后果,从而在一定程度上避免了某些事故、争端的发生,或能够减少其不利影响。

(5)有助于提高人们保护水资源和生态环境的意识。通过对各种水资源管理相关的法律法规的宣传,对违法水事活动的惩处等,能够有效地提高不同群体、不同个人对节约用水、保护水资源和生态环境等理念的认识,这也是提高水资源管理效率,实现水资源可持续利用的根本。

2.水资源管理法规体系的性质

对于法的性质,马克思主义法学认为,法是统治阶级意志的体现,是统治阶级意志的一种形态,而统治阶级意志的内容是由统治阶级的物质生活条件来决定的,指出了法的阶级性和社会性。

水资源管理法规是环境法的一个分支,而环境法是随着各国社会、经济的发展而产生的调整人们在资源开发利用中人与人之间关系的法律规范,是法律体系中的一个重要组成部分,它具有一般法律的共性,也就是阶级性和社会性的统一,但其产生并不是因为阶级矛盾的不可调和,而是因为人与自然矛盾的加剧,现代环境法的目的——实现可持续发展,具有很强的公益性;而且,环境法的制定不但受统治阶级意志和社会规律制约,更受到客观自然规律的制约,因此,环境法的社会性更为突出。而水资源管理的法规体系,作为环境法体系的一部分,也具有阶级性和社会性统一、社会性更突出的特点。

3.水资源管理法规体系的特点

水资源管理的有关法规,除具有普通法律法规所具备的规范性、强制性、普遍性等特点外,因其调节对象本身的原因,还具有以下特点:

(1)调整对象的特殊性。水资源管理的法律规范所调整的对象,与其他法律规范一样,也是人与人之间的关系,它通过各种相关的制度安排,规范人们的水事活动,明确人们在水资源开发利用当中的权利和义务关系,从而调整人与人之间的关系。但是,水资源管理的法律规范,其最终目的是通过调整人与人之间的关系达到调整人与自然关系的目的,促进人类社会与水资源、生态环境之间关系的协调。这也是所有环境法规的最终目的,通过间接调整人与人的关系,实现最终对人与自然关系的调整,但是,这一过程的实现又依赖于人类对人与自然关系认识的不断深入。

(2)技术性。水资源管理的法规调整对象包括了人与水资源、生态环境之间的关系,而水资源系统的演变具有其自身固有的客观规律,只有遵循这些自然规律才能顺利实现水资源管理的目标。同时,要制定能够实现既定管理目标的法律规范,必须依赖于人们对水资源相关的客观规律的研究和认识,这就使得水资源管理的法规具有了很强的科学技术性,众多的技术性规范,如水质标准、排放标准等都是水资源管理的法规体系中的基础。

(3)动态性。随着人类社会的发展,对水资源的需求不断增加,所面临的水问题也越来越复杂。因为相关的水问题是在不断发展、不断演化的,因此与其配套的水资源管理的法规必然也具有不断发展、不断演化的动态特性。

(4)公益性。水资源具有公利、公害双重特性。不管是规范水资源开发利用行为、促进水资源高效利用的法律制度安排,还是防治水污染、防洪抗旱的法律制度安排,都是为了实现人类社会的持续发展,具有公益性。

(三)水资源管理的法规体系分类

水资源管理的法规体系包括了一系列法律法规和规范性文件,按照不同的分类标准可以分为不同的类型。

从立法体制、效力等级、效力范围的角度,水资源管理的法规体系由宪法、与水有关的法律、水行政法规和地方性水法规等构成。

从水资源管理的法规内容、功能来看,水资源管理的法规体系应包括综合性水事法律和单项水事法律法规两大部分。综合性水事法律是有关水的基本法,是从全局出发,对水资源开发、利用、保护、管理中有关重大问题的原则性规定,如世界各国制定的水法、水资源法等。单项水事法律法规则是为解决与水资源有关的某一方面的问题而进行的较具体的法律规定,如日本的《水资源开发促进法》,荷兰的《防洪法》《地表水污染防治法》等。目前,单项水事法律法规的立法主要从两个方面进行,分别是与水资源开发、利用有关的法律法规和与水污染防治、水环境保护有关的法律法规。

此外,水资源管理的法规体系还可以分为实体法和程序法;专门性的法律法规和与水资源有关的民事、刑事、行政法律法规;奖励性的法律法规和制裁性的法律法规等,对一些单项法律法规还可以根据所属关系或调整范围的大小分为一级法、二级法、三级法、四级法等。

(四)我国水资源管理的法规体系构成

我国从 20 世纪 80 年代以来,先后制定、颁布了一系列与水有关的法律法规,如《中华人民共和国水污染防治法》《中华人民共和国水法》《中华人民共和国水土保持法》《中华人民共和国防洪法》等。尽管我国进行水资源管理立法的时间较短,但立法数量却大大超过一般的部门法,初步形成了一个由中央到地方、由基本法到专项法再到法规条例的多层次的水资源管理的法规体系。下面将按照立法体制、效力等级的不同对我国水资源管理的法规体系进行介绍。

1. 宪法中的有关规定

宪法是一个国家的根本大法,具有最高法律效力,是制定其他法律法规的依据。《中华人民共和国宪法》中有关水的规定也是制定水资源管理相关的法律法规的基础,《宪法》第九条第一、二款分别规定:"水属于国家所有,即全民所有。""国家保障自然资源的合理利用。"这是关于水资源权属的基本规定以及合理开发、利用和保护水资源的基本准则。对于国家环境保护方面的基本职责和总政策，《宪法》第二十六条做了原则性的规定："国家保护和改善生活环境和生态环境，防治污染和其他公害。"

2.基本法

1988年颁布实施的《中华人民共和国水法》是我国第一部有关水的综合性法律，在整个水资源管理的法规体系中，处于基本法地位，其法律效力仅次于《宪法》，但由于当时认识上的局限以及资源法与环境法分别立法的传统，原《水法》偏重于水资源的开发、利用，而关于水污染防治、生态保护方面的内容较少。2002年，在原《水法》的基础上经过修订，颁布了新的《水法》，内容更为丰富，是制定其他有关水资源管理的专项法律法规的重要依据。其主要内容如下：

新《水法》规定，水资源属于国家所有。水资源的所有权由国务院代表国家行使。农村集体经济组织的水塘和由农村集体经济组织修建管理的水库中的水，归各农村集体经济组织使用。

新《水法》第一章（总则）规定：国家对水资源依法实行取水许可制度和有偿使用制度。国家保护水资源，采取有效措施，保护植被，植树种草，涵养水源，防治水土流失和水体污染，改善生态系统。国家厉行节约用水，大力推行节约用水措施，推广节约用水新技术、新工艺，发展节水型工业、农业和服务业，建立节水型社会。各级人民政府应当采取措施，加强对节约用水的管理，建立节约用水技术开发推广体系，培育和发展节约用水产业，单位和个人有节约用水的义务。

新《水法》第二章（水资源规划）规定：开发、利用、节约、保护水资源和防治水害，应当按照流域、区域统一制定规划。制定规划，必须进行水资源综合科学考察和调查评价；规划一经批准，必须严格执行。建设水工程，必须符合流域综合规划。在国家确定的重要江河、湖泊和跨省、自治区、直辖市的江河、湖泊上建设水工程，其工程可行性研究报告在报请批准前，有关流域管理机构应当对水工程的建设是否符合流域综合规划进行审查并签署意见；在其他江河、湖泊上建设水工程，其工程可行性研究报告报请批准前，县级以上地方人民政府水行政主管部门应当按照管理权限对水工程的建设是否符合流域综合规划进行审查并签署意见。水工程建设涉及防洪的，依照防洪法的有关规定执行；涉及其他地区和行业的，建设单位应当事先征求有关地区和部门的意见。

新《水法》第三章（水资源开发利用）规定：开发、利用水资源，应当坚持兴利与除害相结合，兼顾上下游、左右岸和有关地区之间的利益，充分发挥水资源的综合效益，并服从防洪的总体安排；应当首先满足城乡居民生活用水，并兼顾农业、工业、生态用水以及航运等需要，在干旱和半干旱地区，还应当充分考虑生态用水需要。国家鼓励开发、利用水能资源在水能丰富的河流，应当有计划地进行多目标梯级开发。建设水力发电站，应当保护生态系统，兼顾防洪、供水、灌溉、航运、竹木流放和渔业等方面的需要。国家鼓励开发、利用水运资源在水生生物洄游通道、通航或者竹木流放的河流上修建永久性拦河闸坝，建设单位应当同时修建过鱼、过船、过木设施，或者经国务院授权的部门批准采取其他补救措施，并妥善安排施工和蓄水期间的水生生物保护、航运和竹木流放，所需费用由建设单位承担。

新《水法》第四章（水资源、水域和水工程的保护）规定：在制定水资源开发、利用规划和调度水资源时，应当注意维持江河的合理流量和湖泊、水库以及地下水的合理水位，维护水体的自然净化能力。从事水资源开发、利用、节约、保护和防治水害等水事活动，应当遵守经批准的规划；因违反规划造成江河和湖泊水域使用功能降低、地下水超采、地面沉降、水体污染的，应当承担治理责任。国家建立饮用水水源保护区制度，禁止在饮用水水源保护区内设置排污口，禁止在江河、湖泊、水库、运河、渠道内弃置、堆放阻碍行洪的物体和种植阻碍行洪的林木及高秆作物。禁止围湖造地，围垦河道。单位和个人有保护水工程的义务，不得侵占、毁坏堤防、护岸、防汛、水文监测、水文地质监测等工程设施。

新《水法》第五章（水资源配置和节约使用）规定：县级以上地方人民政府水行政主管部门或者流域管理机构应当根据批准的水量分配方案和年度预测来水量，制订年度水量分配方案和调度计划，实施水量统一调度；有关地方人民政府必须服从。国家对用水实行总量控制和定额管理相结合的制度。水行政主管部门根据用水定额、经济技术条件以及水量分配方案确定的可供本行政区域使用的水量,制订年度用水计划,对本行政区域内的年度用水实行总量控制。直接从江河、湖泊或者地下取用水资源的单位和个人,应当按照国家取水许可制度和水资源有偿使用制度的规定,向水行政主管部门或者流域管理机构申请领取取水许可证,并缴纳水资源费,取得取水权。

新《水法》第六章(水事纠纷处理与执法监督检查)规定:不同行政区域之间发生水事纠纷的,应当协商处理;协商不成的,由上一级人民政府裁决,有关各方必须遵照执行。在水事纠纷解决前,未经各方达成协议或者共同的上一级人民政府批准,在行政区域交界线两侧一定范围内,任何一方不得修建排水、阻水、取水和截(蓄)水工程,不得单方面改变水的现状。单位之间、个人之间、单位与个人之间发生的民事纠纷,应当协商解决;当事人不愿协商或者协商不成的,可以申请县级以上地方人民政府或者其授权的部门调解,也可以直接向人民法院提起民事诉讼。在水事纠纷解决前,当事人不得单方面改变现状。县级以上人民政府水行政主管部门和流域管理机构应当对违反本法的行为加强监督检查并依法进行查处。

新《水法》第七章(法律责任)规定:出现下列情况的将承担法律责任(包括刑事责任、行政处分、罚款等):水行政主管部门或者其他有关部门以及水工程管理单位及其工作人员,利用职务上的便利收取他人财物、其他好处或者工作玩忽职守;在河道管理范围内建设妨碍行洪的建筑物、构筑物,或者从事影响河势稳定、危害河岸堤防安全和其他妨碍河道行洪的活动的;在饮用水水源保护区内设置排污口的;未经批准擅自取水以及未依照批准的取水许可规定条件取水的;拒不缴纳、拖延缴纳或者拖欠水资源费的;建设项目的节水设施没有建成或者没有达到国家规定的要求,擅自投入使用的;侵占、毁坏水工程及堤防、护岸等有关设施,毁坏防汛、水文监测、水文地质监测设施的;在水工程保护范围内,从事影响水工程运行和危害水工程安全的爆破、打井、采石、取土等活动的;侵占、盗窃或者抢夺防汛物资,防洪排涝、农田水利、水文监测和测量以及其他水利工程设备和器材,贪污或者挪用国家救灾、抢险、防汛、移民安置和补偿及其他水利建设款物的;在水事纠纷发生及其处理过程中煽动闹事、结伙斗殴、抢夺或者损坏公私财物、非法限制他人人身自由的;拒不执行水量分配方案和水量调度预案的;拒不服从水量统一调度的;拒不执行上一级人民政府的裁决的;引水、截(蓄)水、排水损害公共利益或者他人合法权益的。

3. 单项法规

在我国水资源管理的法规体系中,除了有基本法,还针对我国水污染防治、水土保持、洪水灾害防治等的需要,制定了《中华人民共和国水污染防治法》《中华人民共和国水土保持法》和《中华人民共和国防洪法》等专项法律,为我国水资源保护、水土保持、洪水灾害防治等工作的顺利开展提供了法律依据。

4. 由国务院制定的行政法规和法规性文件

从1985年《水利工程水费核定、计收和管理办法》到2014年《南水北调工程供用水管理条例》,其间由国务院制定的与水有关的行政法规和法规性文件很多件,内容涉及水利工程的建设和管理、水污染防治、水量调度分配、防汛、水利经济、流域规划等众多方面。如《中华人民共和国河道管理条例》(1988年)、《中华人民共和国防汛条例》(1991年)、《国务院关于加强水土保持工作的通知》(1993年)和《中华人民共和国水土保持法实施条例》(1993年)、《取水许可制度实施办法》(1993年)、《中华人民共和国抗旱条例》(2009年)、《城镇排水与污水处理条例》(2013年)等,与各种综合性法律相比,这些行政法规和法规性文件的规定更为具体、详细。

5. 由国务院及所属部委制定的相关部门行政规章

由于我国水资源管理在很长一段时间内实行的是分散管理的模式,因此不同部门从各自管理范围、职责出发,制定了很多与水有关的行政规章,以环境保护部门和水利部门分别形成的两套规章系统为代表。环境保护部门侧重于水质、水污染防治,主要是针对排放系统的管理,出台的相关行政规章主要有:管理环境标准、环境监测的《环境标准管理办法》(1983年)《全国环境监测管理条例》(1983年)、《城镇排水与污水处理条例》(2013年);管理各类建设项目的《建设项目环境管理办法》(1986年)

及其《程序》(1990 年);行政处罚类的《环境保护行政处罚办法》(1992 年)及《报告环境污染与破坏事故的暂行办法》(2006 年);排污管理方面的《水污染物排放许可证管理暂行办法》(1988 年)、《排放污染物申报登记管理规定》(1992 年)、《征收排污费暂行办法》(1982 年)、《关于增设"排污费"收支预算科目的通知》(1982 年)、《征收超标准排污费财务管理和会计核算办法》(1984 年)等。水利部门则侧重于水资源的开发、利用,出台的相关行政规章主要有:涉及水资源管理方面的,如《取水许可申请审批程序规定》(1994 年)《取水许可水质管理办法》(1995 年)、《取水许可监督管理办法》(1996 年)《实行最严格水资源管理制度考核办法》(2013 年)等;涉及水利工程建设方面的,如《水利工程建设项目管理规定》(1995年)《水利工程质量监督管理规定》(1997 年)《水利工程质量管理规定》(1997 年)、《三峡水库调度和库区水资源与河道管理办法》(2008 年)等;有关水利工程管理、河道管理的,如《水库大坝安全鉴定办法》(1995 年)、《关于海河流域河道管理范围内建设项目审查权限的通知》(1997 年)、《南水北调工程供用水管理条例》(2014 年)等;关于水文、移民方面的,如《水利部水文设备管理规定》(1993 年)、《水文水资源调查评价资质和建设项目水资源论证资质管理办法(试行)》(2003 年);关于水利经济方面的,如《关于进一步加强水利国有资产产权管理的通知》(1996 年)《水利旅游区管理办法(试行)》(1999 年)等。

6.地方性法规和行政规章

水资源时空分布往往存在很大差异,不同地区的水资源条件、面临的主要水资源问题以及地区经济实力等都各不相同,因此水资源管理需要因地制宜展开,各地方可制定与区域特点相符合、能够切实有效解决区域问题的法律法规和行政规章。目前,我国已颁布了很多与水有关的地方性法规、省级政府规章及规范性文件。

7.各种相关标准

为了方便水资源管理工作的开展,控制水污染,保护水资源,保证水环境质量,保护人体健康和财产安全,由行政机关根据立法机关的授权而制定和颁布的各种相关标准,同样具有法律效力,是水资源管理的法规体系的重要组成部分。如《地面水环境质量标准》(GB3838—1983)、《渔业水质标准》(TJ35—1979)、《农田灌溉水质标准》(1985)、《生活饮用水卫生标准》(GB5749—1985)、《景观娱乐用水水质标准》(GB12941—1991)、《污水综合排放标准》(GB8978—1996)(1996)和其他各行业分别执行的标准等,这些标准一经批准发布,各有关单位必须严格贯彻执行,不得擅自变更或降低。

8.立法机关、司法机关的相关法律解释

这是指由立法机关、司法机关对以上各种法律法规、规章、规范性文件做出的说明性文字,或是对实际执行过程中出现问题的解释、答复,大多与程序、权限、数量等问题相关。如《全国人大常委会法制委员会关于排污费的种类及其适用条件的答复》《关于"特大防汛抗旱补助费使用管理办法"修订的说明》(1999 年)等,这些都是水资源管理法规体系的有机构成。

9.其他部门法中相关的法律规范

由于水资源问题涉及社会生活的各个方面,除以上直接与水有关的综合性法律、单项法规、行政法规和部门规章外,其他的部门法如《中华人民共和国民法通则》《中华人民共和国刑法》《中华人民共和国农业法》中的有关规定也适用于水法律管理。

三、水资源管理的制度体系

水资源管理是一项十分复杂的工作,除必须有一套严格的组织体系、法规体系外,还应该不断提升形成一套适合本区域水资源管理的、对一般行为有约束的制度体系。水资源管理制度体系是特定条件下的水资源管理模式,是对执行的水资源管理方式的高度概括和行动指南。从包含关系上看,制度体系应该包括组织体系、法规体系、技术标准体系等,是水资源管理约束性条文的总称。

(一)国外流行的水资源综合管理制度介绍

水资源综合管理(IWRM)起源于 20 世纪 90 年代,之后又得到不断的改进和发展,是目前国际上比较流行的主流水资源管理模式,甚至被很

多人认为是解决水资源问题的唯一可行的办法。①

尽管水资源综合管理如此重要,但世界范围内尚没有一个明确、清晰且被大家广为接受的定义,甚至称谓也比较多,水资源综合管理也常被称为水资源一体化管理、水资源统一管理、水资源集成管理等。目前,比较有代表性的定义是全球水伙伴组织(Global. Water. Partnership,简称GWP)给出的定义:"水资源综合管理是以公平的方式,在不损害重要生态系统可持续性的条件下,促进水、土及相关资源的协调开发和管理,从而使经济和社会财富最大化的过程。"

水资源综合管理是在当前水资源短缺、水环境污染、洪涝灾害频发等水问题不断加剧的情况下提出的一种水资源管理新思路、新方法,人们期待着通过水资源综合管理的实施来有效地解决水问题,促进水资源可持续利用,这是全球水行业的美好愿望,也成为水资源综合管理被赋予的艰巨任务。

水资源综合管理的实质如下:

1.坚持可持续发展的理念,保障当代人之间,当代人与后代人之间,以及人与自然之间公平合理地利用水资源,实现水资源可持续利用。

2.把流域或区域水资源看成一个系统来开发利用和保护,将河流上下游、左右岸、干支流、水量与水质、地表与地下水、兴利与除害、开发与保护等均作为一个完整的系统进行统一管理。

3.采用综合措施。水资源管理是一项十分复杂的工作,需要多种措施综合运用,包括行政的手段、法律的手段、经济杠杆、宣传教育、知识普及、科学技术运用等。

4.依靠完善的制度体系。针对水资源管理的自然属性和社会属性,需要建立一套适应水资源流动性、多功能性、环境属性、自然—社会相联系的统一管理制度体系,包括行政管理、法律法规、技术标准等,这些制度是水资源综合管理的重要保障。

5.充分考虑水资源开发保护与经济社会协调发展。水资源是经济社

---

① 林洪孝.水资源管理理论与实践[M].北京:中国水利水电出版社,2003.

会发展的重要基础资源,随着经济社会的发展,对水资源的需求不断增加,水资源又是有限的,为了保障水资源可持续利用,必须限制人们用水无限增加的行为,实现协调发展。

6.实现综合效益最大化。通过一系列措施的实施和统一管理,实现经济效益、社会效益、环境效益、综合效益最大的目标,使有限的水资源为人类带来尽可能多的效益。

自20世纪90年代提出水资源综合管理以来,学术界做了大量的研究工作,实践中也取得了很多成就,涌现出许许多多有重要意义的应用范例,比如,欧盟成员国开展的以流域为单元的水资源综合管理研究和实践工作,2000年颁布和执行欧盟水框架指令,进行了相关的立法,并开展了大量水资源综合管理的研究和实践工作。可以说,世界上几乎所有国家都认为水资源综合管理是解决目前复杂水问题的一个很好的办法,大多数国家已完成或正在进行水资源综合管理和用水效能计划的制订。我国很早就伴随着国际社会一起开展了很多关于水资源综合管理的讨论,也在一些省市(如福建)、一些流域(如海河、淮河流域)开展实践应用,为我国水资源有效管理做出了重要的贡献。

(二)我国现行的最严格水资源管理制度介绍

我国水资源时空分布极不均匀,人均占有水资源量少,经济社会发展相对较落后,水资源短缺、水环境污染极其严重,在这种背景下迫切需要实行更加合理有效的水资源管理方式。最严格水资源管理制度也就是在这一背景下提出并得以实施的,就是希望通过制定更加严格的制度,从取水、用水、排水三方面进行严格控制。

最严格水资源管理制度最早于2009年提出,2010年"中国水周"的宣传主题定为"严格水资源管理,保障可持续发展"。2011年中央一号文件明确提出要"实行最严格的水资源管理制度,确保水资源的可持续利用和经济社会的可持续发展"。2012年1月,国务院发布了《国务院关于实行最严格水资源管理制度的意见》(国发〔2012〕3号)文件,对实行最严格水资源管理制度作出全面部署和具体安排。2013年1月,国务院又发布了《实行最严格水资源管理制度考核办法》(国发〔2013〕2号)文件,对实行最严格水资源管理制度考核办法进行具体规定。这说明实行最严格的水资源管理制度是当前和今后一个时期水资源管理的主旋律,也是解决当前一系列日益复杂的水资源问题,实现水资源高效利用和有效保护的根本途径。

最严格水资源管理制度的主要内容包括"三条红线"和"四项制度"。最严格水资源管理制度的核心是确立"三条红线",具体是:水资源开发利用控制红线,严格控制取用水总量;用水效率控制红线,坚决遏制用水浪费;水功能区限制纳污红线,严格控制入河湖排污总量。该管理制度实际上是在客观分析和综合考虑我国水资源禀赋情况、开发利用状况、经济社会发展对水资源需求等方面的基础上,提出了今后一段时期我国在水资源开发利用和节约保护方面的管理目标,以实现水资源的有序、高效和清洁利用。"三条红线"的目标要求,是国家为保障水资源可持续利用,在水资源的开发、利用、节约、保护各个环节划定的管理控制红线,为实现"三条红线"的目标,在《国务院关于实行最严格水资源管理制度的意见》(国发〔2012〕3号)文件中提出了2015年和2020年在用水总量、用水效率和水功能区限制纳污方面的目标指标,这些目标指标与流域及区域的水资源承载能力相适应,是一定时期一定区域生产力发展水平、经济发展结构、社会管理水平和水资源管理的综合反映。

最严格水资源管理的"四项制度"是指:用水总量控制制度、用水效率控制制度、水功能区限制纳污制度、水资源管理责任和考核制度。这"四项制度"是一个整体,其中用水总量控制制度、用水效率控制制度、水功能区限制纳污制度是实行最严格水资源管理"三条红线"的具体内容,水资源管理责任和考核制度是落实前三项制度的基础保障。只有在明晰责任、严格考核的基础上,才能有效发挥"三条红线"的约束力,实现最严格水资源管理制度的目标。

用水总量控制制度、用水效率控制制度、水功能区限制纳污制度相互联系,相互影响,具有联动效应。严格执行用水总量控制制度,有利于促进用水户改进生产方式,提高用水效率;严格执行用水效率控制制度,在生产相同产品的条件下减少取用水量;严格用水总量和用水效率管理,有利于促进企业改善生产工艺和推广节水器具,提高水资源循环利用水平,有效减少废污水排放和进入河湖水域,保护和改善水体功能。通过"总量""效率"和"纳污"三条红线,对水资源开发利用进行全过程管理,对水资源的"量""质"统一管理,才能全面发挥水体的支持功能、供给功能、调节功能和文化功能。任何一项制度缺失,都难以有效应对和解决我国目前面临的复杂水问题,难以实现水资源有效管理和可持续利用。

最严格水资源管理制度的实质是:以科学发展观为指导,以维护人民群众的根本利益为出发点和落脚点,以实现人水和谐为核心理念,以水资源配置、节约和保护为工作重心,以统筹兼顾为根本方法,以坚持改革创新为推进管理的不竭动力,统筹协调水资源承载能力、经济社会发展用水安全和水生态与环境安全,着力推进从供水管理向需水管理转变,从水资源开发利用优先向节约保护优先转变,从事后治理向事前预防转变,从过度开发、无序开发向合理开发、有序开发转变,从水资源粗放利用向高效利用转变,从注重行政管理向综合管理转变。

第四节　水文水资源管理的可持续发展

可持续发展涉及自然、环境、社会、经济、科技、政治等诸多领域。其最广泛的定义是1987年以挪威首相布伦特兰夫人为首的世界环境与发展委员会(WCED)发表的报告《我们共同的未来》中提出的:即可持续发展是既满足当代人的需求,又不对后代人满足其需求的能力构成危害的发展。中国政府编制了《中国21世纪人口、环境与发展白皮书》,首次把可持续发展战略纳入我国经济和社会发展的长远规划。1997年党的十五大把可持续发展战略确定为我国现代化建设中必须实施的战略。可持续发展是一项经济和社会发展的长期战略。其主要包括资源和生态环境可持续发展、经济可持续发展和社会可持续发展三个方面。

水资源是基础性的自然资源和战略性的经济资源,是生态与环境的控制性要素,是人类生存、经济发展和社会进步的生命线,是实现可持续发展的重要物质基础。实行最严格的水资源管理制度,加强水资源管理,不仅是解决我国日益复杂的水资源问题的迫切要求,也是事关经济社会可持续发展全局的重大任务。

一、水资源管理是经济可持续发展的迫切需求

近年来,在全球气候变化和大规模经济开发双重因素的交织作用下,我国水资源情势正在发生新的变化,北少南多的水资源分布格局进一步加剧,局部地区遭遇严重干旱、部分城市严重缺水等。与此同时,长期形成的高投入、高消耗、高污染、低产出、低效益的经济发展模式仍未根本改变,一些地方水资源过度开发、无序开发引发一系列生态与环境问题。尤其是我国北方一些地区"有河皆干,有水皆污",地下水严重超采,甚至枯竭;水土流失严重,沙尘暴肆虐。水环境恶化严重影响我国经济社会的可持续发展。

在这种情况下,在一定的流域或区域内,要根据当地的水资源条件,必须统筹考虑经济社会发展与水资源节约、水环境治理、水生态保护的关系,实行最严格的水资源管理制度,建立用水总量控制制度、用水效率控制制度、水功能区限制纳污制度、水资源管理责任和考核制度,实现流域、区域用水优化分配,提高水资源利用效率,构建节水型社会,从严核定水域纳污容量,严格限制入河湖排污总量,从水质水量统筹管理、合理配置,以水资源的可持续利用推动发展方式转变和经济结构战略性调整,促使经济社会发展与水资源承载能力、水环境承载能力相协调,实现经济社会的可持续发展。在水资源充裕和紧缺地区打造不同的经济结构,量水而行,以水定发展。

二、水资源管理是社会可持续发展的必然选择

水是生命之源,是人类和其他一切生物赖以生存和发展的物质基础。人类生活对水的需求远大于生理水量,而且随着生活水平的提高,人均用水量也在增加。例如,我国 2002 年总用水量中生活用水量占总用水量 $5497 \times 10m$ 的 11.26%,人均生活用水量约为 132L/d。但当年城镇生活用水量约为 200L/d,而大城市人均用水量会更高。目前,我国生活用水

量平均每年的增长速度都在 3%～5% 之间。城市化进程的加快生活水平的提高和人口增加都会对水资源供给造成巨大的压力。同时,由于社会经济发展带来的水污染问题,严重威胁城市和农村的饮用水安全。截至 2010 年底,纳入"十二五"规划的农村饮水不安全人数为 29810 万,其中原农村饮水安全现状调查评估核定剩余人数 10220 万,新增农村饮水不安全人数 19590 万(含国有农林场饮水不安全人数 813 万)。另有 11.4 万所农村学校需要解决饮水安全问题。而相关报道称,全国受水量及水质不安全影响的城镇人口有近 1 亿人。由此可见,保障城乡饮用水安全的任务非常艰巨。然而,在我国水资源严重短缺的态势下,如何将有限的水资源保质保量地优化分配到不同的区域和流域,保证生活用水的需求,确保水资源的持续开发和永续利用,是保证实现整个人类社会持续发展的最重要的物质基础之一。也就是说,为了实现人类社会的持续发展,必须实现水资源的持续发展和永续利用,而要实现水资源的持续发展和永续利用,又必须借助科学的水资源管理。

通过水资源管理,使人类认识到水资源的重要性和稀缺性,从过去重点对水资源进行开发利用、治理转变为在开发利用、治理的同时,注意对水资源的配置、节约和保护;从无节制的开源趋利、以需定供转变为以供定需,建立节水型社会;从人类向大自然无节制地索取转变为人与自然、与水资源的和谐共处,实现可持续利用。同时,在观念和行动上实现转变,实现发挥人的主观能动性,推动水资源管理的进程。

此外,加强水资源管理是统筹城乡和区域发展、增强发展协调性的迫切需要。我国农业用水量占总供水量的 64%,人增地减水缺的矛盾将长期存在。保持农业稳定发展,保障国家粮食安全,促进农民持续增收,需要强有力的水资源保障。同时,工业化和城镇化的加快推进,区域发展战略的深入实施,对水资源安全保障提出了更高的要求,统筹城乡水资源配置赋予水资源管理更为艰巨的任务。

加强水资源管理是加快发展民生水利、保障人民群众共享水利发展改革成果的迫切需要。水资源与人的生命和健康、生活和生产、生存和发展密切相关。必须大力发展民生水利,着力解决好人民群众最关心、最直接、最现实的水资源问题,切实保障人民群众在水资源开发利用、城乡供水保障、用水结构调整、水权分配和流转等方面的合法权益。

加强水资源管理是提高水利社会管理和公共服务能力、推进水利又好又快发展的迫切需要。水资源管理是水利工作的永恒主题，没有科学的水资源管理，就没有现代水利；没有严格的水资源管理，就没有可持续发展水利。只有加强水资源管理，建立权威高效、运转协调的管理体制，才能根本改变水资源过度开发、无序开发和低水平开发的状况，有效解决我国严峻的水资源问题。

三、水资源管理推动环境的可持续发展

水资源是环境系统的基本要素，是生态系统结构与功能的重要组成部分。水以其存在形态与系统内部各要素之间发生着有机联系，构成生态系统的形态结构；水以其运动形式作为营养物质和能量传递的载体，不停顿地运转，逐级分配营养和能量，从而形成系统的营养结构；水在生态系统中永无休止地运动，必然产生系统与外部环境之间的物质循环和能量转换，因而形成系统功能。水在生态系统结构与功能中的地位与作用，是其他任何要素无法替代的。

水是可恢复再生的自然资源，通过水循环，往复于海洋、空间和陆地之间，支持物质循环、能量转换和信息传递的运转。在生生不息的生物圈中，生物地质化学循环也是靠水的运动和调节进行的。总之，生物圈内所有物质虽以不同形式进行着无休止的循环运动，但在任何物质循环过程中，都离不开水的参与和水的独特作用。

众所周知，水质型缺水和水量型缺水都将对生态系统和环境产生显著的负面影响，包括生态系统消亡、生物多样性减少、生态功能下降、环境自净能力下降等。为了保护环境，维持生态平衡，必须保持河湖水环境的正常水流和水体自净能力，以满足水生生物和鱼类的生长，维持江河湖泊的生存与演化，以及保证水上通航、水上运动、旅游观光等各项环境功能。在水资源合理配置调度过程中，优先考虑生态环境需水量，对工程沿线的河道、湖泊的生态水量一定要统筹考虑、多方论证，避免河道、湖库水生态、水环境遭到破坏。在水质管理中，重视地表水和地下水的修复技术研究与应用。

参考文献

[1]和菊芳.丽江市水文与水资源[M].昆明:云南科技出版社,2022.

[2]张磊,牟献友,冀鸿兰,等.基于多波段遥感数据的库区水深反演研究.水利学报,2018(5):639－647.

[3]隆院男,闫世雄,蒋昌波,等.基于多源遥感影像的洞庭湖地形提取方法.地理学报,2019(7):1467－1481.

[4]王志杰,苏塬.南水北调中线汉中市水源地生态脆弱性评价与特征分析.生态学报,2018(2):432－442.

[5]殷杰.丹江口水库水量时空动态变化及其影响研究.武汉:湖北大学,2018.

[6]刘运周.水文与水资源管理在水利项目中的应用[J].区域治理,2020(47):153.

[7]王栋,吴吉春,等.水文与水资源工程专业实践育人综合指导书[M].北京:中国水利水电出版社,2020.

[8]许芬,周小成,孟庆岩,等.基于"源－汇"景观的饮用水源地非点源污染风险遥感识别与评价.生态学报,2020(8):2609－2620.

[9]郭亮亮,陈攀,陈军锋,等.水文与水资源工程专业的工程地质学原理课程教学改革探索[J].大学教育,2023(9):23－25.

[10]尹涛,王瑞燕,杜文鹏,等.黄河三角洲地区植被生长旺盛期地下水埋深遥感反演.灌溉排水学报,2018(2):95－100.

[11]管文轲,霍艾迪,吴天忠,等.塔里木河中游沙漠化地区地下水位遥感监测.水土保持通报,2017(5):245－249,283.

[12]董磊.水文与水资源的现状及工作措施思路分析[J].商品与质量,2020(39):256.

[13]高洁,刘玉洁,封志明,等.西藏自治区水土资源承载力监测预警研究.资源科学,2018(6):1209−1221.

[14]於彤,卢圆章.水文与水资源工程建设中遥感技术的应用[J].河南建材,2022(8):23−25.

[15]张铭.基于 GRACE 卫星数据对陕西省水储量变化的研究.南昌:东华理工大学,2019.

[16]胡亚斌,任广波,马毅,等.基于多时相 GF−1 和 Landsat 影像的连云港市 44 年海岸线遥感监测与演变分析.海洋技术学报,2019(6):9−16.

[17]黄诗华,黄丽华.水文与水资源管理在水利工程中的运用分析[J].建材与装饰,2020(34):293−294.

[18]陈俊红.3S 技术在水文与水资源工程中的应用研究[J].中国新技术新产品,2020(18):112−114.

[19]朱泓,王金亮,程峰,等.滇中湖泊流域生态环境质量监测与评价.应用生态学报,2020(4):1289−1297.

[20]杨高,李颖,付波霖,等.基于遥感的河岸带生态修复效应定量评估——以辽河干流为例.水利学报,2018(5):608−618.

[21]梁文广,钱钧,王轶虹,等.江苏省大中型水库开发占用遥感监测研究.水利信息化,2019(1):7−12.

[22]张金祥.遥感技术在水文与水资源工程中的应用[J].你好成都(中英文),2023(21):214−216.

[23]刘庆鹏,鲁大玮.探讨遥感技术在水文与水资源工程中的应用[J].城市情报,2020(4):94−95.

[24]杨希帅.遥感技术在水文与水资源工程中的应用[J].百科论坛电子杂志,2021(20):1438.

[25]刘庆鹏,鲁大玮.探讨遥感技术在水文与水资源工程中的应用[J].城市情报,2020(4):94−95.

[26]卢旺.分析水文与水资源管理在水利工程中的运用[J].中国设备工程,2020(18):244−246.

[27]宋文龙、李萌,路京选,等.基于 GF-1 卫星数据监测灌区灌溉面积方法研究以东雷二期抽黄灌区为例.水利学报,2019(7):854-863.

[28]韩宇平,冯吉,陈莹,等.基于 NDVI 时序数据的不同水源灌溉面积分类研究——以人民胜利渠灌区为例.灌溉排水学报,2020(2):129-137.

[29]彭建,魏海,武文欢,等.基于土地利用变化情景的城市暴雨洪涝灾害风险评估以深圳市茅洲河流域为例.生态学报,2018(11):3741-3755.

[30]王文亮,王晓燕,崔姣利.水文与水资源管理[M].北京:北京工业大学出版社,2023.04.

[31]郭生练,田晶,杨光,等.汉江流域水文模拟预报与水库水资源优化调度配置[M].北京:中国水利水电出版社,2020.11.

[32]焦鸿雁,闫静,蒋铁君.3S 技术在水文与水资源工程中的应用[J].区域治理,2020(21):147.